普通高等教育"十一五"国家级规划教材

机械设计制造及其自动化专业本科系列教材

数 控 技 术
SHU KONG JI SHU

（第三版）

周德俭　主　编

U0379621

重庆大学出版社

内 容 提 要

本书主要介绍现代机床数控技术的基本原理和基本应用方法。内容包括：数控机床的程序编制、数控插补原理、计算机数字控制系统、位置检测装置、数控机床伺服系统、典型数控机床与机床的数控改造。

本书将原理和应用介绍相结合，深入浅出地将数控技术所包含的主要内容和主要应用方法做了较全面的分析和叙述。全书共 7 章，各章既有联系性，又有一定的独立性，并在每章后面附有习题。本书可作为高等院校机械专业本科生、研究生的教材，也可作为高等职业技术教育类学生的专业教材，以及从事计算机数控技术工作的工程技术人员的参考书。

图书在版编目(CIP)数据

数控技术/周德俭主编.—2 版.—重庆：重庆大学出版
社,2007.8(2018.7 重印)
（机械设计制造及其自动化专业本科系列教材）
ISBN 978-7-5624-2320-1

Ⅰ.数…　Ⅱ.周…　Ⅲ.数控机床—高等学校—教材
Ⅳ.TG659

中国版本图书馆 CIP 数据核字(2007)第 082005 号

数控技术
（第三版）

周德俭　主　编

责任编辑：梁　涛　刘　英　　版式设计：梁　涛
责任校对：邹　忌　　　　　　　责任印制：赵　晟

*

重庆大学出版社出版发行
出版人：易树平
社址：重庆市沙坪坝区大学城西路 21 号
邮编：401331
电话：(023)88617190　88617185(中小学)
传真：(023)88617186　88617166
网址：http://www.cqup.com.cn
邮箱：fxk@cqup.com.cn(营销中心)
全国新华书店经销
POD：重庆新生代彩印技术有限公司

*

开本：787mm×1092mm　1/16　印张：13　字数：324 千
2015 年 1 月第 3 版　　2018 年 7 月第 7 次印刷
ISBN 978-7-5624-2320-1　定价：32.00 元

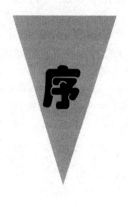

序

当今世界,科学技术突飞猛进,知识经济已见端倪,综合国力的竞争日趋激烈。国力的竞争,归根结底是科技与人才的竞争。邓小平同志早已明确指出:科技是现代化的关键,而教育是基础。毫无疑问,高等教育是科技发展的基础,是高级专门人才培养的摇篮。我国高等教育在振兴中华、科教兴国的伟大事业中担负着极其艰巨的任务。

为了适应社会主义现代化建设的需要,在 1993 年党中央、国务院颁布《中国教育改革和发展纲要》以后,原国家教委全面启动和实施《高等教育面向 21 世纪教学内容和课程体系改革计划》,有组织、有计划地在全国推进教学改革工程。其主要内容是:改革教育体制、教育思想和教育观念;拓宽专业口径,调整专业目录,制订新的人才培养方案;改革课程体系、教学内容、教学方法和教学手段;实现课程结构和教学内容的整合与优化,编写、出版一批高水平、高质量的教材。

地处巴山蜀水的重庆大学,是驰名中外的我国重要高等学府。重庆大学出版社是一个重要的大学出版社,工作出色,一贯重视教材建设,从90 年代初期开始实施"立足西部,面向全国"的战略决策,针对当时国内专科教材匮乏的情况,组织西部地区近 20 所院校编写、出版机械类、电气类专科系列教材,以后又推出计算机、建筑、会计类专科系列教材,得到原国家教委的肯定与支持。在 1998 年教育部颁布《普通高等学校本科专业目录》之后,重庆大学出版社立即组织西部地区高校的数十名教学专家反复领会教学改革精神,认真学习全国的教育改革成果,充分交流各校的教学改革经验,制定机械设计制造及其自动化专业的教学计划和各门课程的教学大纲,并组织编写、出版机械类本科系列教材。为了确保教材的质量,重庆大学出版社采取了以下措施:

- 发挥教育理论与教育思想的指导作用,将教学改革思想和教学改革成果融入教材的编写之中。

- 根据人才培养计划中对学生知识和能力的要求,对课程体系和教学内容进行整合,不过分强调每门课程的系统性、完整性,重在实现系列教材的整体优化。

- 明确各门课程在专业培养方案中的地位和作用,理顺相关课程之间的关系。

- 精选教学内容,控制教学学时数,重视对学生自主学习能力、分析解决工程实际问题能力和创新能力的培养。

- 增强 CAD、CAM 的内容,提高教材的先进性;尽可能运用 CAI 等现代化教学手段,提高传授知识的效率。

- 实行专家审稿制度,聘请学术水平高、事业心强、长期活跃在教学改革第一线的专家审稿,重点审查书稿的学术质量和是否具有特色。

这套教材的编写符合教学改革的精神,遵循教学规律和人才培养规律,具有明显的特色。与出版单科教材相比,有计划地将教材成套推出,实现了整体优化。这富有远见。

经过几年的艰苦努力,这套机械类本科教材已陆续问世了。它反映了西部高校多年来教学改革与教学研究的成果,它的出版必将为繁荣我国高等学校的教材建设做出积极的贡献,特别是在西部大开发的战略行动中,起着十分重要的作用。

高等学校的教学改革和教材建设是一项长期而艰巨的工作,任重道远,不可能一蹴而就。我希望这套教材能够得到读者的关注与帮助,并希望通过教学实践与读者不吝指教,逐版加以修订,使之更加完善,在高等教育改革的百花园中奇花怒放! 我深深为之祝愿。

中国科学院院士　杨叔子

2000 年 4 月 28 日

第三版前言

计算机数字控制技术在机床控制中的应用,使机床控制技术乃至机床本身达到了新的水平。由其形成的数控机床综合了计算机、自动控制、电气传动、测量技术、机械制造等领域的最新成就,是机电一体化典型产品。数控技术的应用越来越广,目前已成为各类机电一体化高新技术产品的主要控制技术,也是组成各类计算机制造系统、工厂自动化系统的主要技术基础。所以,它在机械制造、工业自动化等领域中占有重要的技术地位,是先进制造技术的重要组成部分。

本书以计算机数控技术的基本原理,以及数控技术在机床控制中的应用为主线展开介绍和论述。编著中较注意原理论述和应用介绍之间的关系,力求使全书既能反映出数控技术所包含的主要内容,又能突出应用性强和易学易懂的特点。为此,在章节的安排和内容的取舍上参考同类教材和结合实际教学、实践经验进行了认真的斟酌。

本书是遵照"西部地区工科院校教材建设会议"规划安排编著的,是重庆大学出版社组织编写的机械设计制造及其自动化专业本科系列教材之一,于2001年11月正式出版,并于2006年入选普通高等教育"十一五"国家级规划教材。本书主要阅读对象为工科院校本科生、研究生,也可作为高等职业技术教育类学生的专业教材,以及作为从事计算机数控技术工作的工程技术人员的参考书。作为本科生教材时,参考学时为40~50学时。

　　全书共 7 章,第 1 章和第 7 章第四节由桂林电子科技大学周德俭教授编著;第 3,5 章由陕西理工学院何宁教授编著;第 2,4 章由桂林电子科技大学蒋廷彪副教授编著;第 6 章和第 7 章 1 至 3 节由兰州理工大学张永贵副教授编著。全书由周德俭教授统稿和主编,由华中理工大学周云飞教授担任主审。在教材编写过程中,桂林电子科技大学的吴兆华、李春泉、黄春跃参加了有关资料收集、文稿和图形计算机处理及其审核工作。

　　由于编者水平有限,书中难免存在疏漏之处,请读者批评指正。

编　者

2014 年 11 月 25 日

目录

1

概　论

1.1　数控技术与数控机床的基本概念

1.1.1　数控技术和机床数控技术

数字控制是用数字化信息实现电气传动件控制的一种方法,是近代发展起来的一种自动控制技术。数控技术在机床控制中的广泛应用,形成了数控技术发展主流——机床数控技术和机床数控系统。机床数控系统能够逻辑地处理使用号码,或者其他符号编码指令规定的程序,能够自动完成机床加工信息的输入、译码、运算,从而控制机床的运动和加工过程。

应用数控技术或装有数控系统的机床简称为数控机床。数控机床是 20 世纪 50 年代以来发展起来的具有广阔发展前景的新型自动化机床,它综合了计算机技术、自动控制、精密检测和精密制造等方面的科技成果,是机电一体化的典型产品。

在现代制造系统中,数控技术是关键技术,它集微电子、计算机、信息处理、自动检测、自动控制等高新技术于一体,具有高精度、高效率、柔性自动化等特点,对制造业实现柔性自动化、集成化、智能化起着举足轻重的作用。

1.1.2　机床数控基本原理

工件在机床上的加工,是通过刀具相对工件的运动来完成的。为定量描述数控机床上刀具相对工件的运动位置和运动轨迹,首先要将零件图上的零件加工轮廓的几何信息和工艺信息数字化,按规定的代码和格式编写成加工程序。信息数字化是将刀具相对工件的运动轨迹在工作坐标系中分割成一些最小单位量,即最小位移量。数控系统按照程序的要求,经过信息处理、分配,控制各坐标轴移动若干个最小位移量,使刀具相对工件的运动轨迹符合工件加工轮廓形状的要求,完成工件的加工。

图 1.1 所示为二坐标平面运动中,利用相互垂直的两个坐标方向最小设定单位的分别移动来合成直线 P_0P_1 和圆弧 P_0P_1。一般的数控系统均能根据被加工工件的轮廓形状信息(如直线的始点和终点坐标、圆弧的始点和终点坐标及半径等)自动计算确定各坐标轴应移动的最小单位个数和动点坐标(称为插补计算),并对各坐标轴进行脉冲分配(脉冲个数和运动控制信息的顺序分配),通过伺服系统控制各坐标轴按要求的规律运动。对于任意曲线,一般可利用数控系统具有的上述直线插补和圆弧插补功能进行近似加工。

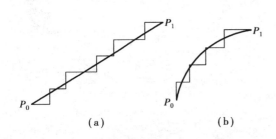

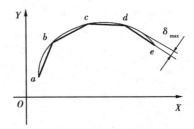

|图 1.1 用单位运动合成直线和圆弧|图 1.2 直线逼近曲线加工|

图 1.2 所示是利用直线插补功能加工曲线的例子。图中 $a,b,c,d,\cdots$ 各点是考虑了最大误差 δ_{max} 在轮廓精度要求范围内所确定的加工线段节点。加工时,只要事先确定各节点坐标并输入数控系统,系统利用其直线插补功能就可自动完成该曲线轮廓的(直线逼近)加工。当被加工轮廓曲线精度要求较高时,则可利用圆弧插补功能进行圆弧逼近曲线加工。对于某些具有抛物线插补、螺旋线插补等二次曲线高次函数插补功能的系统,其曲线逼近的方法选择余地更大,能达到的加工精度也更高。

无论是数控系统的自动插补计算,还是利用直线、圆弧或高次函数来逼近曲线加工时的各节点坐标确定,实际上都是在被加工轨迹曲线上的已知点之间进行数据密化工作,这种坐标点"密化计算"统称为插补。数控系统所具备的自动插补能力的大小关系到数控机床的加工能力,自动插补能力越强,工件在机床上的数控成形方法越简单,加工复杂型面工件的能力越强,加工前期编程计算准备工作量越小。

1.2 机床控制技术的产生和发展

1.2.1 机床控制技术的发展

18 世纪中叶开始发展起来的机床,到 19 世纪末形成了较完整的基本类型。20 世纪初以来,随着科学技术和社会生产的迅速发展,机床的传动、结构和控制等方面也得到相应的改进和发展,机床的品种与日俱增,自动化程度不断提高。机床的自动控制技术也从纯机械控制(如借助靠模和凸轮自动加工较复杂零件的靠模机床、凸轮自动机床等)和电气自动控制(如借助继电器、接触器、限位开关等,按预定程序控制的自动化机床),以及由自动化单机、组合机床形成的加工自动线的"刚性"自动控制,逐步发展成由数控技术为核心的"柔性"自动控制。

数控机床以数字控制代替靠模或限位开关,其精度高,更换加工对象时调整方便,对现代机械产品日趋精密复杂和多品种小批量加工要求具有很强的适应性,数控技术已成为机床控制技术的发展方向。在该基础上,作为机床控制技术的更高层次发展,对加工过程进行检测与监控的故障自诊断控制、适应控制等控制技术也已在应用和发展之中。

1.2.2 数控机床的产生和发展

1948 年,美国帕尔森兹公司(Parsons Corporation)在制造飞机框架及直升机叶片轮廓样板时,利用全数字电子计算机对轮廓路径进行数据处理,并考虑了刀具直径对加工路径的影响,使得加工精度达到较高的程度。后来,该公司与麻省理工学院合作开始了三坐标铣床数控化的研究工作,1952 年公开发表了试制成功的世界上第一台数控机床样机,它采用电子管元件,三坐标联动,可做直线插补。在该基础上,1955 年,经改进后的数控机床进入实用阶段,在加工复杂的曲面零件中发挥了很大的作用。

1959 年,随着晶体管元件的诞生和在数控系统中的应用,数控机床跨入第二代。1959 年 3 月,克耐·杜列克公司(Keaney & Trecker corp)发明了带有自动换刀装置的数控机床,称为"加工中心"。从 1960 年开始,德国、日本等工业国家都陆续开发、生产及使用了数控机床。

1965 年,出现了小规模集成电路,它的应用使数控系统的可靠性进一步提高,数控系统发展到第三代。

以上三代数控系统都是采用专用控制计算机的硬逻辑系统,装有这类系统的机床为普通数控机床,简称 NC(Numerical Control)机床。

1970 年,在美国芝加哥国际机床展览会上,首次展出了利用小型计算机取代专用数控计算机,数控的许多功能由软件程序实现的计算机数控(CNC:Computer Numerical Control)系统,称为第四代系统。

1974 年,美国、日本等国首先研制出以微处理器为核心的数控系统,简称微机数控(MNC:Microcomputer Numerical Control)系统,这就是第五代数控系统。近 20 多年来,由微机数控系统控制的数控机床和数控加工中心得到飞速发展和广泛应用,它们是形成柔性制造单元(FMC:Flexible Manufacturing Cell)、柔性制造系统(FMS:Flexible Manufacturing System)、计算机集成制造系统(CIMS:Computer Integrated Manufacturing System)等先进制造单元和先进制造系统的基础。

随着个人计算机(PC)技术性能和可靠性不断提高,20 世纪 80 年代末期开始出现以 PC 为基础的 CNC,由于其有良好的开放性,发展速度很快,目前,美国、日本等国均将它作为重要的发展方向,并已从 20 世纪 90 年代初开始不断推出采用 PC 的 CNC 系统新产品。

我国从 1958 年开始研究数控技术,开始也是从电子管着手,有些高校和科研单位有过试验性样机。1965 年,开始研制晶体管数控系统,20 世纪 60 年代末至 70 年代初,研制成功数控非圆齿轮插齿机、CJK-18 型晶体管数控系统及 X53K-1G 立式数控铣床等。从 70 年代开始,数控技术在各种类型机床中应用研究工作得以展开,数控加工中心研制成功,数控线切割机床在模具加工中得到了推广,但由于电子元器件质量和制造工艺水平差,致使数控系统的可靠性、稳定性未能得到解决,因此,数控技术未能得到广泛推广。

20世纪80年代,我国开始走技术引进和自行研制相结合的路子,从日本、美国、德国等国引进了一些新技术和以日本FANUC系列为主的数控系统,对国内数控机床和数控技术的稳定发展起到了积极的推进作用。80年代中期开始,国内数控机床的品种有了新的发展,种类不断增多,规格趋向齐全。目前,我国已有几十家机床厂能生产不同类型的数控机床和数控加工中心机床,建立了以中、低档数控机床为主的数控产业体系,在高档数控机床的研制方面也有了较大的进展。在数控技术领域中,我国和先进工业国之间存在着不小的差距,但这种差距正在不断缩小。

1.2.3　数控机床的特点和运用范围

数控机床能在机械加工中得到广泛的应用,主要由于它有如下一些特点:

①易于加工形状复杂的零件,加工精度高。现代数控机床已具有较强的插补功能和自动编程功能,可方便地对复杂轮廓进行自动编程及加工处理,加工精度可达 μm 级,且不受零件形状复杂程度的影响。

②工件加工周期短,生产效率高。使用数控机床加工零件,对工模具、专用工装夹具、划线加工准备等要求大幅度降低;由于加工中有较高的重复精度,检验工作也得以简化;零件变更调整时间、刀具变更调整时间减少;这些方面的变化使工件加工周期大为缩短、生产效率显著提高。

③加工质量稳定,劳动强度低。程序自动控制,大幅度减轻了操作工人的劳动强度,同时减少了人为因素,使产品加工质量比较稳定,一致性好。

④可实现精确的成本计算和科学管理。数控加工可正确计算出加工工时和生产进度计划等成本和管理信息,能减轻工模具管理及半成品储存工作量,可实现一机多用、多机看管,具有广泛的适应性和较大的灵活性。这些均为降低成本,提高管理水平创造了有利的条件。

⑤有利于实现优化控制和生产系统的集成。计算机数字控制、标准代码编程等数控机床的基本控制形式,非常有利于多机之间或与计算机管理系统进行连接,实现生产系统的信息集成。

由于数控机床具有上述一系列特点,一般而言,它最适宜应用于轮廓形状复杂程度较高、批量不大的零件加工;适宜作为 FMC,FMS,CIMS 等制造单元或制造系统的主体加工设备。

1.2.4　数控机床的技术发展特点与趋势

数控机床的技术发展特点是进步速度快、技术综合性强,总的发展趋势是进一步高速度、高精度化,以及朝着智能化、集成化、网络化与数字化、开放性方向发展。

(1)高速度、高精度化

影响数控机床高速度、高精度的因素是复杂的,包含高速度高精度主传动机构及其控制系统、机床的动态特性,刀具、工夹具及工艺参数,冷却润滑、切屑排除等。而主传动机构及其控制系统是关键。

电主轴是高速度高精度数控机床的重要部件,目前国际上的高水平产品转速已达到 40 000 r/min 以上的水平。例如瑞士 Fisher 公司产品(40 000 r/min,$P = 40$ kW)、法国 Forest-Line 公司的产品(40 000 r/min,$P = 40$ kW,$M = 9.5$ N·m)、日本 MAKINO 铣床公司的 J4M 卧式加工中心,其配备的电主轴最高转速可达 60 000 r/min。轴承多采用陶瓷球轴承、磁浮轴承和空气静压轴承。目前国内洛阳轴研科技股份有限公司等单位也已经开发出转速达 30 000 r/min 的电主轴。

由内装式电主轴单元、驱动控制器、编码器、通讯电缆、直流母线制动器组合成的,用以将电网电能变为电主轴单元的机械能,同时实现电主轴准停、准速、准位的系统称之为电主轴系统。高水平的电主轴系统从静止到最高速仅需 1.5 s,加速度达到 1 g。控制系统多采用矢量控制的 PWM 交流变频系统。国内在电主轴系统方面还存在闭环式驱动控制器及高水平的编码器等薄弱环节,相应的攻关研究正在进行中,典型代表水平是高速精密数控车床主轴最高转速可达 8 000 r/min,同时加工精度达到国际公差标准 IT5。目前,机械加工高精度的普遍要求是:普通加工精度达到 ±5 μm,精密加工精度达到 ±1~1.5 μm,超精密加工精度进入纳米级(0.001 μm),主轴回转精度要求达到 0.01~0.05 μm,加工圆度为 0.1 μm,加工表面粗糙度 $Ra = 0.003$ μm 等。

高速度高精度加工在要求有极高的主轴速度的同时,还要求有很高的进给速度和加速度,进给速度一般大于 30 m/min,加速度达到 1 g。滚珠丝杠驱动方式的进给速度和加速度极限值约为 60 m/min 和 1 g,而使用直线电动机可达到 160 m/min 和 2.5 g 以上,定位精度可高达 0.5~0.05 μm。因此,在高速度高精度加工机床中采用精密、高速度和耐用的直线电动机,而且与全数字交流驱动系统等高性能和高灵敏度的伺服驱动系统配套应用,也是一种技术发展趋势。

(2)智能化

智能化主要是指数控机床的控制智能化,是为了提高数控机床的自动化程度。数控机床的控制智能化综合了计算机、自动控制、人工智能与智能控制等多学科技术,是数控系统实现高速度、高精度、高效控制,加工过程中自动修正、调节与补偿各项参数,实现在线诊断和智能化故障处理的必要条件。

数控机床采用的智能控制器技术发展很快,功能越来越强,主要特点是能控制具有高度的非线性、难于建模的复杂系统;具有面向复杂任务进行规划、决策的能力;具有故障自动诊断功能等。例如高速度高精度数控机床的智能控制器一般具有以下功能:多程序段预处理、刀具轨迹预计算;按机床的机械性能选择最佳允许进给率和加速度;自适应控制、学习控制、虚拟轴机床的平行轴控制等特殊功能控制;刀具磨损和系统热变形在线监控与故障自动诊断等。有的甚至建有以专家经验和工艺参数数据库为支撑的人工智能专家系统。

目前,在智能控制器技术发展的同时,数控机床智能化的概念已经进一步扩展,智能化不仅贯穿在数控机床加工的全过程(如智能编程、智能数据库、智能监控),也贯穿在产品的售后服务和维修等各方面。即不仅在控制机床加工时数控系统是智能的,就是在系统出了故障,诊断、维修也都是智能的,对操作维修人员的要求降至最低。

这种数控机床全生命周期智能化的概念,以及智能控制器功能的不断提高,是近年数控机床智能化的发展趋势。

(3) 集成化

数控机床的集成化，主要体现在控制系统使用更新的 IC 器件，并进行高密度立体组装；使用光缆或无线传递信号，减少线缆甚至进行无线缆链接；采用硬件模块化和系统柔性化技术等方面。在集成化基础上，使数控系统实现了超薄型、超小型化，达到了既减少占有空间又提高可靠性的效果。

目前的数控系统，大多采用高度集成化 CPU,RISC 芯片和大规模可编程集成电路 FPGA、EPLD、CPLD 以及专用集成电路 ASIC 芯片，数控系统的集成度和软硬件运行速度大幅度提高。并应用先进的电子电路表面组装技术，通过提高器件组装密度、减少互联电路长度和数量来降低产品价格，改进性能，减小组件尺寸，提高系统的可靠性。有的还应用了 FPD 平板显示技术，使显示器性能提高，重量、体积和功耗减小。

硬件模块化是指根据不同的功能需求，将 CPU、存储器、位置伺服、PLC、输入输出接口、通讯等基本模块，做成标准的系列化产品，通过积木方式进行功能裁剪和模块数量的增减，构成不同档次的数控系统。硬件模块化易于实现数控系统的集成化和标准化。

数控机床集成化发展的另一标志是柔性自动化系统的进步，目前，柔性制造自动化系统已经从点(数控单机、加工中心等)、线(柔性制造单元、柔性制造系统等)向面(工段车间独立制造岛、自动车间等)、体(计算机集成制造系统、分布式网络集成制造系统等)的方向发展。在数控机床单机向高精度、高速度和高柔性方向发展的同时，数控机床构成的柔性制造系统能方便地与 CAD,CAM,CAPP,MIS 连接，向信息集成方向发展，其网络系统向开放、集成和智能化方向发展。

(4) 网络化与数字化

数控机床及其控制系统的通信范围和方法包括：数控装置与数字伺服间的通信，一般是数控系统中的数据通道直接通信；与上级主计算机的通信，一般通过以太网进行通信；与车间现场设备及 I/O 装置通信，主要通过现场总线进行通信；与服务中心传递维修数据等内容的通信，一般通过因特网；与其他协作企业的系统进行交互、远程登录、传送和交换制造数据等内容的通信，一般通过因特网。

实行网络管理和网络化，便于远距离操作和监控，也便于远程诊断故障和进行调整，不仅有利于数控系统生产企业对其产品的监控和维修，也适用于大规模现代化生产的无人化车间，还适用于在操作人员不宜到现场的环境中工作。

应用数字化网络技术，以计算机辅助管理和工程数据库、因特网等为主体的制造信息支持技术和智能化决策系统，大大加强了对机械加工中海量信息进行存储和实时处理，使机械加工整个系统趋于资源合理支配并高效地应用，并使异地协同设计与制造、虚拟制造等制造技术的实现成为可能。

网络化与数字制造技术结合，以数控系统与通信网络系统联系为基础，进而可以把制造厂家联系在一起，构成虚拟制造网络或异地协同制造联盟。

网络与数字制造技术的结合，已经将传统的制造技术推向了网络化制造、全球化制造和数字制造技术的历史新阶段。

（5）开放性

20世纪90年代以来，计算机技术的飞速发展推动了数控机床技术的更新换代，并产生了利用PC机丰富的软硬件资源开发的新一代数控系统——开放式体系结构的数控系统。

开放式体系结构使数控系统有更好的通用性、柔性、适应性、扩展性，并推进了向智能化、网络化方向的发展。它可以大量采用通用微机的先进技术，如多媒体技术，实现声控自动编程、图形扫描自动编程等。它的硬件、软件和总线规范都是对外开放的，并有充足的软、硬件资源可供利用，从而不仅使数控系统制造商和用户进行的系统集成能得到很有力的支持，而且也极大地方便了用户需要的二次开发，促进了数控系统多挡次、多品种的开发和广泛应用。由于开放式体系的结构形式模块化，它可以方便地相互组合，既可通过升挡或剪裁构成各种挡次的数控系统，又可通过扩展构成不同类型的数控系统，使开发生产周期大为缩短。而且，开放式体系结构数控系统可随CPU升级而升级，结构上不必变动，非常有利于其数控能力和性能的进步。

开放式体系结构的数控系统还具有操作简单等特点，在PC机上经简单编程即可实现运动控制，而不需要专门的数控软件；信息处理能力强，将PC机的信息处理能力和开放式的特点与运动控制器的运动轨迹控制能力有机地结合在一起；可扩展性好，可通过预留插入用户专用软件的接口的方式，或提供用户API和编程规范供用户编制自己的专用模块的方式，简便地实现系统的扩展；等等。

近几年许多国家纷纷研究开发该类系统，如美国科学制造中心（NCMS）与空军共同领导的"下一代工作站/机床控制器体系结构"NGC，欧共体的"自动化系统中开放式体系结构"OS-ACA，日本的OSEC计划等。许多开发研究成果已得到应用，如Cincinnati-Milacron公司从1995年开始在其生产的加工中心、数控铣床、数控车床等产品中采用了开放式体系结构的A2100系统。该类系统已经发展到通用型开放式闭环控制模式的数控系统阶段。

通用型开放式闭环控制模式采用通用计算机组成总线式、模块化、开放式、嵌入式体系结构，便于裁剪、扩展和升级，可组成不同挡次、不同类型、不同集成程度的数控系统。闭环控制模式是针对传统的数控系统仅有的专用型单机封闭式开环控制模式提出的。由于制造过程是一个具有多变量控制和加工工艺综合作用的复杂过程，包含诸如加工尺寸、形状、振动、噪声、温度和热变形等各种变化因素，因此，要实现加工过程的多目标优化，必须采用多变量的闭环控制，在实时加工过程中动态调整加工过程变量。加工过程中采用开放式通用型实时动态全闭环控制模式，易于将计算机实时智能技术、网络技术、多媒体技术、CAD/CAM、伺服控制、自适应控制、动态数据管理及动态刀具补偿、动态仿真等高新技术融于一体，构成严密的制造过程闭环控制体系，从而实现集成化、智能化、网络化。

1.3　机床数控系统的组成与分类

1.3.1　机床数控系统的组成

数控机床一般由控制介质、数控装置、伺服系统、测量反馈系统和机床主机等部分组成，如

图1.3所示。

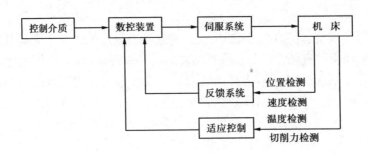

图1.3　数控机床的组成

（1）控制介质

控制介质是存储数控加工信息的载体,它可以是穿孔带、磁带和磁盘等。数控加工信息包括零件的加工程序,加工零件时,刀具相对工件的位置和机床的全部动作控制指令等,它们按照规定的格式和代码记录在信息载体,也即控制介质上。

（2）数控装置

数控装置是数控机床的核心,现代数控机床都采用计算机数控(CNC)装置。数控装置一般由输入、信息处理和输出三大部分构成。控制介质通过输入单元(如穿孔带阅读机、磁带机、磁盘机等)输入,转换成可以识别的信息,由信息处理单元按照程序的规定将接收的信息加以处理(如插补计算、刀具补偿等)后,通过输出单元发出位置、速度等指令给伺服系统,从而实现各种控制功能。

（3）伺服系统

伺服系统是把来自数控装置的各种指令,转换成机床执行机构运动的驱动部件。它包括主轴驱动单元、进给驱动单元、主轴电机和进给电机等。伺服系统直接决定刀具和工件的相对位置,其性能是决定数控机床加工精度和生产率的主要因素。一般要求数控机床的伺服系统应具有较好的快速响应性能,以及具有能灵敏而准确地跟踪指令功能。

（4）测量反馈系统

测量反馈系统由检测元件和相应的电路组成,其作用是检测机床的实际位置、速度等信息,并将其反馈给数控装置与指令信息进行比较和校正,构成系统的闭环控制。

（5）适应控制

适应控制是指针对机床当前的工作环境,如温度、振动、摩擦和切削力等因素和变化加以检测,将相关信息输入数控装置,使系统能对环境因素变化引起的误差做出补偿,以期提高加工精度和生产率。适应控制仅用于高效率和加工精度高的数控机床,一般数控机床很少采用。

（6）机床主机

机床主机包括床身、主轴、进给机构等机械部件。由于数控机床是高精度和高生产率的自动化机床,它与普通机床相比,其主机应具有更好的刚性和抗震性,相对运动面摩擦系数要小,传动部件之间的间隙要小,还应具有较好的动态特性、动态刚度、阻尼精度、耐磨性以及抗热变形性能等,因此,数控机床的结构必须根据其性能要求进行专门设计,才能充分发挥数控机床的性能。

1.3.2 机床数控系统的分类

(1)按运动方式分类

1)点位控制系统

点位控制的特点是只须控制机床实现由一个坐标点到另一个坐标点的精确定位,移动和定位过程中不进行任何加工,其运动轨迹误差不影响加工精度,可不做严格控制。因此,几个坐标轴之间无联动功能也能实现点位控制。为了减少运动和定位时间,保证定位精度,点位控制一般均采用先高速运行接近定位点,再逐渐减速以低速准确定位的运行模式。采用点位控制的数控机床主要有数控钻床、数控冲床和数控测量机等。

2)直线控制系统

直线控制除要保证点到点的精确定位外,还要求点到点的运动过程是直线切削加工过程,其运动轨迹一般是平行于坐标轴的直线或与各坐标轴成45°的斜线,运动时的速度可以控制。该类控制方式各坐标轴无联动功能,一般只能做单坐标切削进给运动,因此只能加工轮廓较简单的工件。采用直线控制系统的数控机床有早期的数控车床、数控镗铣床、加工中心等。

3)轮廓控制系统

轮廓控制系统能同时控制两个或两个以上坐标轴联动,具有插补功能,能对运动轨迹和速度进行精确的不间断的控制,可加工轮廓复杂的工件。采用轮廓控制的数控机床有数控铣床、数控车床、数控磨床和加工中心等。现代数控机床一般均具有多坐标联动轮廓控制功能。轮廓控制也常称为轨迹控制或连续控制。

(2)按控制方式分类

1)开环控制系统

开环控制系统是指没有检测反馈装置的控制系统。典型的开环控制系统组成框图如图1.4所示,数控装置每发出一个指令(脉冲)放大后驱动步进电机转动一个步距,再经过减速齿轮带动丝杠旋转,通过丝杠螺母副传动工作台移动。其精度依赖于步进电机及齿轮、丝杠的传动精度,工作台的移动量与进给脉冲数量成正比。采用这类控制方式的机床比较稳定、调试方便、控制精度较低,适用于经济型、中小型数控机床。

图1.4 开环控制系统方框图

2)闭环控制系统

闭环控制系统是在机床移动部件位置上装有直线位置检测装置,可将测量到的实际位移值反馈到数控装置中,与输入的指令位移值进行比较,用差值进行运动控制和误差修正,最终实现移动部件的精确定位,其框图如图1.5所示。从理论上说,闭环系统的运动精度主要取决于检测装置的精度,与传动链误差无关。实际上,机床的结构、传动装置以及传动间隙等非线性因素都会影响其精度,严重的还会使闭环系统的品质下降甚至引起振荡。

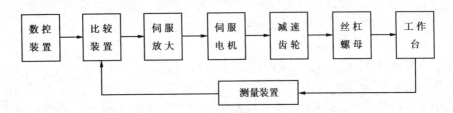

图1.5　闭环控制系统方框图

3)半闭环系统

如图1.6所示,半闭环系统的检测元件装在电机或丝杠的端头,采用角位移测量元件测量电机或丝杠的转动量,间接地测量工作台的移动量。从理论上讲,半闭环精度低于闭环,但这类系统的闭环路径内不包括或较少包括机械传动环节,可获得较稳定的控制特性,通过高分辨率测量元件也能获得较满意的控制精度,且有调试方便、价廉等特点,因此使用较广。

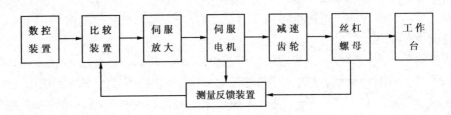

图1.6　半闭环控制系统方框图

(3)按功能和用途分类

按数控系统的功能强弱可分为全功能数控系统和简易数控系统。全功能数控系统控制功能俱全,可键盘输入、穿孔带输入或磁盘等输入零件加工程序,可代码编程也可自动编程,可监控操作还可显示图形。简易数控大多只具有键盘输入、代码编程、数码管显示功能。

按数控系统的用途可分为通用型数控系统、车床数控系统、铣床数控系统等。

按数控系统所使用的计算机还可分为专用计算机控制(又称硬件数控)系统和通用计算机控制(又称软件数控)系统。

1.4 数控机床的自由度和数控标准

1.4.1 数控机床的自由度

一般机械的自由度是指具有确定运动时所必须给定的独立运动参数的数目。例如,在笛卡儿坐标系中,具有沿 X,Y,Z 三坐标直线移动和绕三坐标旋转共 6 个自由度。数控机械不受空间 6 个自由度的限制,只要存在一个能独立运动的直线轴或旋转轴,就称为有一个轴或一个坐标。如果有 3 个能独立运动但相互平行的直线轴,也称为三轴或三坐标。因此,数控机械可能不止 6 个自由度(或称为六轴、六坐标)。

数控机械在进行连续(轨迹)控制过程中,若干轴同时动作或同时受控称为联动。能联动的轴数越多,说明数控系统的功能越强,同时数控机床的加工功能也越强。图 1.7 所示为棒铣刀加工外凸轮,工件相对刀具的轨迹是平面曲线,则为 X-Y 轴联动(即 2 轴联动),若铣刀长度较短而凸轮较宽,铣刀一次不能加工出整个凸轮宽度,而是每次沿凸轮轨迹加工一周后自动沿 Z 轴进给(与 X,Y 轴不联动)一段下周期凸轮宽度方向切削量,接着再按凸轮轨迹循环加工直至完成,则称其为 2.5 轴联动。当 X,Y,Z 轴可同时连续控制,则为 3 轴联动。如图 1.8 所示,3 轴联动可加工空间曲面。

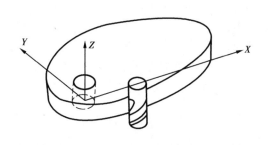

图 1.7 二轴联动

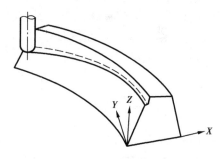

图 1.8 三轴联动

几轴几联动是数控机床的重要技术指标。如 3 轴 2 联动数控铣床,具有 X,Y,Z 3 个直线轴,可令任意两轴联动,一般只能加工平面曲线,而 3 轴 3 联动则可加工简单空间曲面。若是 4 轴 3 联动数控铣床,即 3 条直线和 1 个旋转轴可任意三轴联动,则可加工较复杂的空间曲面。

1.4.2 坐标轴和运动符号的规定

为统一数控机床坐标和运动方向的描述,国家有关部委颁布了《数字控制机床坐标和运动方向的命名》标准(JB 3051—82)。它规定:不管是刀具还是工件移动的机床,都将其视为刀具相对静止的加工工件移动。对于安装在机床上的工件,机床的直线运动坐标系用右手定则表示(如图 1.9)。加工程序编制时,用建立在工件的右手直角坐标系作为标准坐标系。

标准坐标系中各坐标轴的确定方法如下：

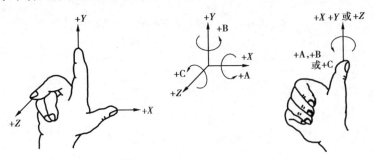

图 1.9　右手直角坐标系

(1) Z 坐标

1) 对于工件旋转的机床(车床,内、外圆磨床等)

Z 坐标取为与工件旋转轴平行,取从主动轴看刀具的方向作为其正方向。

2) 对于刀具旋转的机床(铣床、钻床、铰床等)

①主轴方向固定的机床,Z 坐标取与主轴平行(如各种升降台铣床、立式钻床、立式镗床、卧式镗铣床)。

②主轴方向不固定而可转动。在转动范围内,主轴如能与标准坐标系的一根坐标平行时,就取该坐标系为 Z 坐标(如龙门铣床等)。主轴若能与标准坐标系的两根以上的坐标平行时,则取垂直于主轴安装面的方向作为 Z 坐标。

③取从工件看刀具旋转轴(主轴)方向作为其正方向。

3) 对于工件刀具都不旋转的机床(牛头刨床、单臂刨床等)

Z 坐标取与机床的工件安装面垂直,取工件与刀具的间隔增加方向为其正方向。

(2) X 坐标

1) 对于工件旋转的机床

在与 Z 坐标垂直的平面内,取刀具的运动方向为 X 坐标,取刀具离开主轴旋转中心线的方向作为其正方向。

2) 对于刀具旋转的机床

① Z 坐标处于水平时,X 坐标在与 Z 坐标垂直的平面内取水平方向,取面向 Z 坐标正方向的左手方向为正方向。

② Z 坐标处于垂直时,X 坐标取由工作台面向立柱时的左右方向,并取其右手方向为正。但对于龙门式与龙门移动式的机床,以面对机床为正面,人的视线方向为 X 坐标的正方向。

3) 对于工件和刀具都不旋转的机床

取 X 坐标与切削运动方向平行,并以切削运动方向作为正方向。当主切削运动的方向与 Z 坐标重合时,X 坐标取由工作台面向立柱时的左右方向,并取其右手方向作为正方向。

(3) Y 坐标

坐标取与 Z,X 坐标垂直的方向,其正方向应使两根坐标轴构成标准坐标系。

当以上标准坐标系都确定以后,机床坐标的决定方法如下:

①在工件相对刀具做主体运动的机床上,与工件运动方向平行的坐标的正方向和标准坐标系的正方向相反。

②在刀具相对工件做主体运动的机床上,与刀具运动方向平行的坐标的正方向和标准坐标系的正方向一致。

以上确定的是直线移动的符号。旋转运动或摆转运动的符号规定如下:用 A,B,C 分别表示围绕坐标轴 X,Y,Z 旋转或摆动的符号,以向标准坐标系坐标的正方向旋进时的右螺旋方向作为正方向,但在工件相对刀具做主体运动的机床上,其正方向与上述相反。图 1.10 ~ 图 1.13 示出了各种机床的标准坐标系的坐标和机床的坐标。

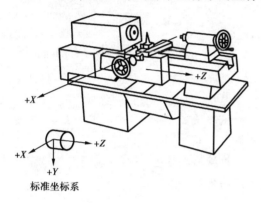

图 1.10　普通车床

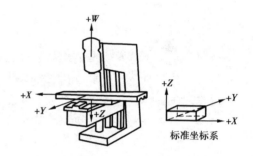

图 1.11　立式钻床

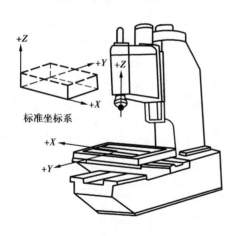

图 1.12　卧式镗铣床

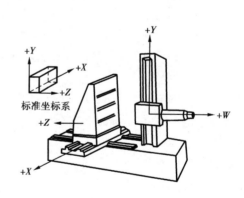

图 1.13　立式升降台铣床

1.4.3　数控标准

在数控系统和数控机床的发展过程中,为统一其基本参量,各类数控标准也在不断发展和完善。1963 年,美国的全国航空和宇宙航行局首先制订了 NASA938 标准。随后国际标准化组织(ISO)1968 年提出 ISO R841 数控标准。1971 年日本制订了 JIS B6310—1971《数控机床的坐标和运动的符号》标准。世界各国随后逐步制订了各种标准。我国于 1982 年实施了 GB

3168—1982《数控机床操作指示形象化符号》、JB 3050—1982《数字控制机床编码字符》、JB 3051—1982《数字控制机床坐标和运动方向的命名》、JB 3112—1982《数字控制机床自动编程用输入语言》;1983 年实施了 JB 3208—1983《数字控制机床穿孔带程序段格式中的准备功能 G 和辅助功能 M 的代码》;1987 年实施了 GB 8129—1987《机床数字控制术语》等标准。这些标准与同类国际标准基本上都是一致的,目的是要把数控的各种术语、符号、代码、语言、格式等都用标准统一起来。

上述标准除了上节已介绍的相关内容之外,对数控机床的操作者而言,最常用的是与数控加工程序编制相关的自动编程语言和编程代码标准,本书将在下章介绍。

习题一

1.1　机床数控系统由哪几部分组成? 各有什么作用?

1.2　何谓最小设定单位? 它影响数控机床什么性能?

1.3　何谓几轴几联动? 它影响数控机床什么性能?

1.4　何谓插补? 试述插补运算在数控技术中的重要性和必要性。

1.5　为什么说数控机床是组成现代化生产系统的基础?

1.6　为何要规定数控机床的坐标和运动方向?

1.7　试用同一原理框图反映出开环、半闭环、闭环控制系统的组成,并简单叙述它们之间的不同之处和各自的优缺点。

1.8　试述点位控制系统与轮廓(连续)控制系统的根本区别和各自的应用场合。

1.9　试述数控机床自由度的概念。

1.10　试述你所了解的数控机床最新发展动态及其性能水平。

2

数控机床的程序编制

2.1 概　述

2.1.1　数控编程的作用与目的

所谓数控编程,就是把零件的图形尺寸、工艺过程、工艺参数、机床的运动以及刀具位移等内容,按照数控机床的编程格式和能识别的语言记录在程序单上的全过程。这样编制的程序还必须按规定把程序单制备成控制介质,然后,变成数控系统能读取的信息,再送入数控系统。当然,也可以用手动数据输入方式(MDI)将程序输入数控系统。因为这个程序叫零件加工程序,所以这个过程简称加工程序编制。

加工程序的编制工作是数控机床使用中最重要的一环,因为程序编制的好坏直接影响数控机床的正确使用和数控加工特点的发挥。在工作中,编程员要不断积累编程经验和编程技巧,提高编程效率。

2.1.2　数控编程的内容和步骤

(1)数控编程的内容

数控编程的主要内容包括:分析零件设计图,确定加工工艺过程;计算走刀轨迹,得出刀位数据;编写零件加工程序;制作控制介质;校对程序及首件试加工。

(2)数控编程的步骤

1)分析零件设计图

分析零件的材料、形状、尺寸、精度及毛坯形状和热处理要求等,以便确定该零件是否适宜在数控机床上加工,适宜在哪台数控机床上加工。有时还要确定在某台数控机床上加工该零件的哪些工序或哪几个表面。

2)工艺处理阶段

工艺处理阶段的主要任务是确定零件加工工艺过程。换言之,就是确定零件的加工方法(如采用的工夹具、装夹定位方法等)、加工路线(如对刀点、走刀路线等)和加工用量等工艺参数(如走刀速度、主轴转速、切削宽度和深度等)。

3)数学处理阶段

根据零件设计图和确定的加工路线,计算出走刀轨迹和每个程序段所需数据。如零件轮廓相邻几何元素的交点和切点坐标的计算,称为基点坐标的计算;对非圆曲线(如渐开线、双曲线等)需要用小直线段或圆弧段逼近,根据要求的精度要计算逼近零件轮廓时相邻几何元素的点或切点坐标,称为节点坐标的计算;自由曲线、曲面及组合曲面的数据更为复杂,必须使用计算机辅助计算。

4)编写程序单

根据加工路线计算出的数据和已确定的加工用量,结合数控系统的加工指令和程序段格式,逐段编写零件加工程序单。

5)制作控制介质

控制介质就是记录零件加工程序信息的载体,常用的控制介质有穿孔纸带和磁盘。制作控制介质就是将程序单上的内容用标准代码记录到控制介质上。如通过计算机将程序单上的代码记录在磁盘上等。

6)程序校验和首件试加工

控制介质上的加工程序必须校验和试加工合格,才能认为这个零件的编程工作结束,然后进入正式加工。

一般说来,可通过穿孔机的复核功能检验穿孔纸带是否有误;也可把被检查的介质作为数控绘图机的控制介质,控制绘图机自动描绘出零件的轮廓形状或刀具运动轨迹,与零件图上的图形对照检查;在具有图形显示功能的数控机床上,在 CRT 上用显示走刀轨迹或模拟刀具和工件的切削过程的方法进行检查更为方便;对于复杂的空间零件,则需使用铝件或木件进行试切削。后3种方法查出错误的方法快。发现有错误,或修改程序单,或采取尺寸补偿等措施进行修正,如不能知道加工精度是否符合要求,只有进行首件试切削,才可查出程序上的错误,方才知道加工精度是否符合要求。

2.1.3　数控编程的方法

数控编程的方法主要有两种:即手工编程和自动编程。

(1)手工编程(Manual Programming)

由分析零件设计图、制订工艺规程、计算刀具运动轨迹、编写零件加工程序单、制作控制介质,直到程序校核,整个过程主要由人来完成。这种人工制备零件加工程序的方法称为手工编程。手工编程中,也可以利用计算机辅助计算得出坐标值,再由人工制备加工程序。

对于几何形状不太复杂的较简单的零件,计算较简单,加工程序不多,采用手工编程较容易实现。但是,对于形状复杂,具有非圆曲线、列表曲线、列表曲面、组合曲面的零件,计算相当烦琐,程序量非常大,易出错,难校对,手工编程难于胜任,甚至无法编出程序来,即使编出来,效率低,出错率高。据国外统计以及我国的生产实践说明,用手工编程时,一个零件的编程时间与机床上加工时间之比,平均约为 30∶1。这样数控机床的作用就远远没有发挥出来。为了缩短编程的时间,提高数控机床的利用率,必须采用自动编程的方法。

(2) 自动编程(Automatic Programming)

编制零件加工程序的全部过程主要由计算机来完成,此种编程方法称为自动编程。编程人员只需根据零件设计图和工艺过程,使用规定的数控语言编写一个较简短的零件加工源程序,输入到计算机中。计算机由通用处理程序自动地进行编译、数学处理,计算出刀具中心运动轨迹,再由后置处理程序自动地编写出零件加工程序,并输出、制备出穿孔纸带或磁盘等控制介质,也可直接通过计算机通讯程序,将零件加工程序传送到机床数控系统。由于在计算机上可自动地绘出所编程序的图形及走刀轨迹,及时地检查程序是否有错,及时修改,得到正确的程序,编程人员不需要进行繁琐的计算,不需要手工编写程序单及制备控制介质,自动获得加工程序和控制介质,因此可提高编程效率几倍甚至上百倍,解决了手工编程无法解决的难题。

2.2 数控编程的标准

在数控技术的研究设计工作中,在数控机床的使用和维护中,应用较多的数控标准有以下几方面:
① 数控的名词术语。
② 数控机床的坐标轴和运动方向。
③ 数控机床的编码字符(ISO 代码和 EIA 代码)。
④ 数控编程的程序段格式。
⑤ 准备功能和辅助功能。
⑥ 进给功能、主轴功能和刀具功能。
此外,还有关于数控机床机械方面,关于数控系统方面的许多标准。下面仅就编程标准方面有关的标准规定和代码做一介绍。

2.2.1 穿孔纸带及代码

(1) 穿孔带

穿孔带也称控制带或称纸带,它是数控机床发展初期常用的控制介质。
GB 8870—1988《信息处理交换用七位编码字符集在穿孔纸带上的表示方法》规定,控制带可以是纸质的,也可以是其他材料的,宽度为 25.4 mm。穿孔带内有一条与带边平行的中导孔(小孔)道。中导孔是制带和读带时的导向孔,同时用作读带的同步控制信号,也称为同步孔。每一行8个代码孔(信号孔),用来记录数字、字母或符号信息。有孔表示二进制数的"1",无孔表示"0"。

(2)代码

代码是表示信息的符号体系。数控用的信息,如字母、数字和符号等,用二进制数编码,也可用纸带上一行孔来表示。国际上数控机床常用代码有 ISO 和 EIA 两种代码。随着数控技术的发展,纸带的使用逐渐减少,直接用计算机编程较多。这时使用的代码与穿孔纸带上规定的代码相同,见表 2.1 和表 2.2。

表 2.1　ISO-840 代码

b_7			0	0	0	0	1	1	1	1
	b_6		0	0	1	1	0	0	1	1
		b_5	0	1	0	1	0	1	0	1
b_4 b_3 b_2 b_1										
0 0 0 0			NUL		SP	0		P		
0 0 0 1						1	A	Q		
0 0 1 0						2	B	R		
0 0 1 1						3	C	S		
0 1 0 0						4	D	T		
0 1 0 1					%	5	E	U		
0 1 1 0						6	F	V		
0 1 1 1						7	G	W		
1 0 0 0			BS	EM	(	8	H	X		
1 0 0 1			HT		)	9	I	Y		
1 0 1 0			LF or NL		*	:	J	Z		
1 0 1 1					+	;	K			
1 1 0 0					,		L			
1 1 0 1			CR		−	=	M			
1 1 1 0					.		N			
1 1 1 1					/		O			DEL

表 2.2　EIA RS-244 代码

b_8			0	0	0	0	1
	b_7		0	0	1	1	0
		b_6	0	1	0	1	0
b_4 b_3 b_2 b_1							
0 0 0 0			SP	0	−	+	CR or EOB
0 0 0 1			1	/	j	a	
0 0 1 0			2	S	k	b	
0 0 1 1			3	T	l	c	
0 1 0 0			4	U	m	d	
0 1 0 1			5	V	n	e	
0 1 1 0			6	W	o	f	
0 1 1 1			7	X	p	g	
1 0 0 0			8	Y	q	h	
1 0 0 1			9	Z	r	i	
1 0 1 0				BS	%	LC	
1 0 1 1			EOR	,			
1 1 0 0						UC	
1 1 0 1							
1 1 1 0			&	TAB			
1 1 1 1						DEL	

1) ISO 代码

ISO 代码是国际标准化组织制订的数控国际标准代码,其特点是:数字、字母及符号在孔位上有区别,数字编码在第 5 列和第 6 列上有孔,字母编码在第 7 列上有孔,其他符号在 5 至 6 列没孔或在第 6 列上有孔。ISO 代码 7 位补偶码,第 8 列是补偶位。ISO 代码中字母、数字和符号共 128 个,常用的代码列于表 2.1 中。其中功能字符的意义如下:

SP:　　space 空格

NUL:　　null 空白纸带

BS:　　back space 退格

HT:　　horizontal tabulation 分隔符号

LF:　　line feed 程序段结束

NL:　　new line 与 LF 同一组孔,也是程序段结束

CR:　　carriage return 打印机架返回、数控机床不用此代码

EM:　　end of medium 纸带终了

%:　　program start 程序开始

(:　　control out 控制暂停

):　　control in 控制恢复

/:　　optional block skip 跳过任选程序段

::　　alignment function 对准功能

DEL:　　delete 注销

必须注意:在左括号和右括号之间出现的字符,对数控装置不起作用,且其间不允许出现"："和"％"。此外,还需指出,美国信息交换标准码(ASCII 码)与 ISO 码相同。

2) EIA 代码

EIA 代码是美国电子工业学会制订的标准代码,如表 2.2 所示,由于它出现得早,现在在国际上还在使用。该代码为补奇码,b5 列为补奇位,常用代码列于表 2.2 中,除与表 2.1 中相同的"功能字符"外,其他的"功能字符"意义为:

EOR:　　end of record 程序结束或倒带停止

TAB:　　tabulation 分隔符

LC:　　lower case 小写字体

UC:　　upper case 大写字体

EOB:　　end of block 程序段结束

2.2.2 程序段格式

数控机床程序由若干个"程序段"(block)组成,每个程序段由按一定顺序和规定排列的"字"(word)组成。字是由表示地址的英文字母、特殊文字和数字集合而成。字表示某一功能的一组代码符号,如 X2000 为一个字,表示 X 向尺寸为 2 000 mm。字是控制带或程序的信息单位。程序段格式是指一个程序段中各字的排列顺序及其表达形式。

程序段格式有许多种。如固定顺序程序段格式、有分隔符的固定顺序程序段格式,以及字地址程序段格式等。固定顺序程序段格式已经很少使用,有分隔符的固定顺序程序段格式在

我国的某些数控线切割机床和某些数控铣床上还在使用。我国数控线切割机床以前常采用"3B"或"4B"格式指令就是典型的带分隔符的固定顺序程序段格式。3B 指令格式的一般表示为：

$$B \quad X \quad B \quad Y \quad B \quad J \quad G \quad Z$$

具体意义如下：

B	X	B	Y	B	J	G	Z
分隔符号	X 坐标值	分隔符号	Y 坐标植	分隔符号	计数长度	计数方向	加工指令

如：

$$B12000 \quad B340 \quad B012000 \quad GX \quad L1$$

是描述一条在第一象限中的斜线。这条程序中规定直线的起点坐标为 X = 0,Y = 0,终点为 X = 12 000,Y = 340。终点坐标值规定放在第一、二个 B 后面。第三个 B 之后的数及 GX 表示用 X 方向作为计数及 X 方向的长度为 12 000。在 3B 指令中,数值不带正、负号,因此必须用 L1 ~ L4 来定义该直线所在的象限;3B 指令以 μm 为单位。又如：

$$B12000 \quad B340 \quad B036000 \quad GX \quad NR2$$

是表达一个以(0,0)为圆心坐标,起点坐标是 X = 12 000,Y = 340,而终点坐标及半径则是隐含在表达式中。终点坐标由第三个 B 的计数长度来确定,其坐标的正、负号是由 NR2 来确定的。NR2 指明了这段圆弧从第二象限开始按逆时针方向运动。

3B 格式的程序是落后的,因为有许多参数不能使人一目了然,且编程时计算麻烦易出错。3B 格式的程序主要是适合以前的硬件数控的方式。3B 格式在一些数控线切割机上仍使用,这仅是技术上的习惯而已。现在已完全向 ISO 指令格式过渡。

现在应用最广泛的是"可变程序段、文字地址程序段"格式(word address format)。下面是一个程序段的通式。

$$N...G...X...Y...Z...(I...J...K...)F...S...T...M...LF$$

每个字都由字母开头,称为"地址",后跟若干位数字组成。ISO 标准规定的地址字符意义如表 2.3 所示。一个程序段中,各个字的意义如下：

(1)程序段序号(Seguence Number)

用来表示程序从起动开始操作的顺序,即程序段执行的顺序号。它用地址码"N"和后面的四位数字表示。数控装置读取某一程序段时,该程序段序号可在七段数码管上或 CRT 上显示出来,以便操作者了解或检查程序执行情况,程序段序号还可用作程序段检索。

(2)准备功能字(Preparatory Function or G-function)

准备功能是使数控装置做某种操作的功能,它紧跟在程序段序号的后面,用地址码"G"和两位数字来表示。G 功能的具体内容将在后面加以说明。

(3)尺寸字(Dimension Word)

尺寸字是给定机床各坐标轴位移的方向和数据,它由各坐标轴的地址代码、" + "、" − "符号和绝对值(或增量值)的数字构成。尺寸字安排在 G 功能字的后面。尺寸字的地址代码,对于进给运动为:X,Y,Z,U,V,W,P,Q,R;对于回转运动的地址代码为:A,B,C,D,E。此外,还有插补参数字(地址代码):I,J 和 K 等。

表2.3 地址字符表

字符	意　义	字符	意　义
A	关于 X 轴的角度尺寸	M	辅助功能
B	关于 Y 轴的角度尺寸	N	顺序号
C	关于 Z 轴的角度尺寸	O	不用,有的定为程序编号
D	第二刀具功能,也有的定为偏置号	P	平行于 X 轴的第三尺寸,也有定为固定循环的参数
E	第二进给功能	Q	平行于 Y 轴的第三尺寸,也有定为固定循环的参数
F	第一进给功能	R	平行于 Z 轴的第三尺寸,也有定为固定循环的参数,圆弧的半径等
G	准备功能		
H	暂不指定,有的定为偏置号	S	主轴速度功能
I	平行于 X 轴的插补参数或螺纹导程	T	第一刀具功能
J	平行于 Y 轴的插补参数或螺纹导程	U	平行于 X 轴的第二尺寸
K	平行于 Z 轴的插补参数或螺纹导程	V	平行于 Y 轴的第二尺寸
L	不指定,有的定为固定循环返回次数,也有的定为子程序返回次数	W	平行于 Z 轴的第二尺寸
		X,Y,Z	基本尺寸

(4)进给功能字(Feed Function or F-function)

它给定刀具对于工件的相对速度,它由地址代码"F"和其后面的若干位数字构成。这个数字取决于每个数控装置所采用的进给速度指定方法。进给功能字(也称"F"功能)应写在相应轴尺寸字之后,对于几个轴合成运动的进给功能字,应写在最后一个尺寸字之后。现在数控装置所采用的进给速度指定方法用得较多的是直接指定法。直接指定法就是将实际速度的数值直接表示出来,小数点的位置在机床说明中予以规定。一般进给速度单位为 mm/min,切削螺纹是用 mm/r 表示(在英制单位中用英寸表示)。

(5)主轴转速功能字(Spindle Speed Function or S-function)

主轴转速功能也称为 S 功能,该功能字用来选择主轴转速,它由地址码"S"和在其后面的若干位数字构成。根据各个数控装置所采用的指定方法来确定这个数字,其指定方法,即代码化的方法与 F 功能相同。主轴速度单位用 mm/min、m/min 和 r/min 等表示。

(6)刀具功能字(Tool Function or T-function)

刀具功能也称为 T 功能,它由地址码"T"和后面的若干位数字构成。刀具功能字用于更换刀具时指定刀具或显示待换刀号,有时也能指定刀具位置补偿。

一般情况下用两位数字,能指定 T00~T99,100 种刀具;对于不是指定刀具位置,而是利用能够指定刀具本身序号的自动换刀装置(如刀具编码键,也叫代码钥匙方案)的情况,则可用五位十进制数字;车床用的数控装置中,多数需要按照转塔的位置进行刀具位置补偿。这时就要用四位十进制数字指定,不仅能选择刀具号(前两位数字),同时还能选择刀具补偿拨号盘(后两位数字)。

（7）辅助功能字（Miscellaneous Function or M-function）

辅助功能也称为 M 功能，该功能指定除 G 功能之外的种种"通断控制"功能。它用地址码"M"和后面的两位数字表示，详述见后。

（8）程序段结束符（End of Block）

每一个程序段结束之后，都应加上程序段结束符。LF 为程序段结束符号。

2.3 手工编程

2.3.1 手工编程的工艺处理

（1）数控加工工艺的基本特点和主要内容

1）基本特点

从编程的角度看，加工程序的编制比通用机床的工艺规程编制复杂。因为在通用机床上不少内容，如工序内工步的安排和走刀路线、刀具、切削用量等，由操作工人来考虑、选择、决定。而数控加工时，这一切需由编程员事先选定和安排好，变成程序中不可缺少的内容。正由于这个特点促使对加工程序的正确性和合理性要求很高。

2）主要内容

编程中的数控工艺的主要内容如下：

选择适合在数控机床上加工的零件和确定工序的内容；零件设计图的数控工艺性分析；制订数控工艺路线；加工程序设计与调整；数控加工中的容差分配等。

（2）确定零件的安装方法和选择夹具

要尽量选用已有的通用夹具，而且注意减少装夹次数，尽量做到在一次装夹中能把零件上所有要加工表面都加工出来。选择零件定位基准时尽量与设计基准重合，以减少定位误差对尺寸精度的影响。

数控加工对夹具的主要要求：一是要保证夹具本身在机床上安装准确；二是容易协调零件和机床坐标系的尺寸关系；三是装卸零件要迅速，以减少数控机床停机时间。

（3）对刀点和换刀点的确定

对刀点是指在数控机床上加工零件时，刀具相对零件运动的起始点。由于程序也从这一点开始执行，所以对刀点也称作程序起点或起刀点。可以选择零件上某一点作为对刀点，也可选择零件外（如夹具上或机床上）某一点（图2.1）作为对刀点，但所选

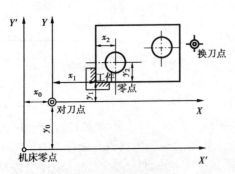

图 2.1 对刀点和换刀点

择的对刀点必须与零件的定位基准有一定的坐标尺寸关系,这样才能确定机床坐标系与零件坐标系之间的关系。

若对刀精度要求不高时,可直接选用零件上或夹具上的某些表面作为对刀面。若对刀精度要求较高时,对刀点应尽量选在零件的设计基准或工艺基准上。对于以孔定位的零件,则选用孔的中心作为对刀点。

对刀点应选择在对刀方便的地方。采用相对坐标编程时,对刀点可选在零件孔的中心上、夹具上的专用对刀孔上或两垂直平面的交线上。在采用绝对坐标编程时,对刀点可选在机床坐标系的原点上或距原点为确定值的点上。

对刀时,采用对刀装置使刀位点与对刀点重合。所谓刀位点,就是刀具定位的基准点。例如,立铣刀是指刀具轴线与刀具底面的交点;球头铣刀是指球头铣刀的球心;车刀和镗刀是指刀头的刀尖等。

具有自动换刀装置的数控机床,在加工中如需自动换刀,还要设置换刀点。换刀点的位置应根据换刀时刀具不得碰伤工件、夹具和机床的原则而定。

(4)工艺路线的确定

零件加工的工艺路线是指数控机床切削加工过程中,加工零件的顺序,即刀具(刀位点)相对于被加工零件的运动轨迹和运动方向。编程时,确定加工路线的原则主要有:

①应能保证零件的加工精度和表面粗糙度的要求;
②应尽量缩短加工路线,减少刀具空行程移动时间;
③应使数值计算简单,程序段数量少,以减少编程工作量。

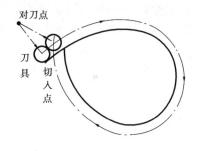

图2.2 刀具切入和切出时的外延伸

下面举例说明为保证上述原则的实施应注意的问题。如在数控铣床上加工零件时,为了减少刀具切入、切出的刀痕,对刀具切入和切出程序要仔细设计。如图2.2所示的平面零件,为避免铣刀沿法向直接切入零件或切出时在零件轮廓处直接抬刀而留下的刀痕,而采用外延法,即切入时刀具应沿外廓曲线延长线的法向切入或者切出时刀具应沿零件轮廓延伸线的切线方向逐渐切离工件。

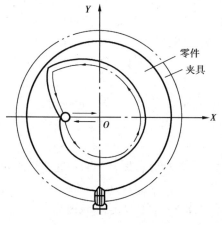

图2.3 内轮廓加工刀具的切入和切出

铣削封闭的内轮廓表面时,可采用内延法,如果内轮廓曲线不允许延伸,刀具只能沿着轮廓曲线的法向切入和切出,此时刀具的切入和切出点应尽量选在内轮廓曲线两几何元素的交点处,如图2.3所示。

在轮廓铣削过程中要避免进给停顿,否则会因铣削力的突然变化,将在停顿处轮廓表面上留下刀痕。如在数控车床上加工螺纹时,沿螺距方向的 Z 向进给和零件(即主轴)转动必须保持严格同步。考虑到沿 Z 向进给从停止状态达到指令的进给量(mm/r),拖动系统总有一个过渡过程,因此安排 Z 向工艺路线时,应使车刀刀位点离待加工面(螺纹)有一定的引入距离,其目的就是保证刀具的进给量达到稳定时再切削螺纹。

在粗精加工程序上进行合理安排,可提高零件加工质量。当零件加工余量较大时,可安排几次粗加工,最后进行一次精加工,一般留 0.2 ~ 0.5 mm 精加工余量。

(5)选择刀具和确定切削用量

与传统加工方法相比,数控加工对刀具提出了更高的要求,主要是安装调整方便,刚性好,精度高,耐用度好。编程时,常需预先规定好刀具的结构尺寸和调整尺寸。

切削用量包括主轴转速、切削深度和宽度、进给速度等。切削用量的选择应根据实际加工情况,结合说明书、切削用量手册,尤其是实践的经验来确定。

(6)编程的允许误差

编制程序中的误差由三部分组成:

一是采用近似计算方法逼近列表曲线、曲面轮廓时所产生的逼近误差;

二是采用直线段或圆弧段插补逼近零件轮廓曲线时产生的误差;

三是数据处理中,为满足分辨率的要求,进行数据圆整所产生的误差。

零件设计图上给出的公差,只有一小部分允许分配给编程误差,一般取编程误差为 0.1 ~ 0.2 倍的零件公差。

要想缩小编程误差,就要增加插补段减小逼近误差,这将增加数值计算等编程的工作量。因此,合理地选择编程误差是编程中的重要问题之一。

2.3.2 常用G 指令和M 指令

(1)准备功能 G 指令

准备功能 G 指令以地址符 G 为首,后跟 2 位数字组成(G00 ~ G99),ISO 1056 标准对准备功能 G 指令的规定见表 2.4,我国的标准为 JB 3208—83,其规定与 ISO 1056—75(E)等效。这些准备功能包括:坐标移动或定位方法的指定;插补方式的指定;平面的选择;螺纹、攻丝、固定循环等加工的指令,对主轴或进给速度的说明;刀具补偿或刀具偏置的指定等。当开发一个新的机床数控系统时,要在标准规定的 G 功能中选择一部分与本系统相适应的准备功能,作为硬件设计及程序编制的依据;标准中那些"不指定"的准备功能,根据情况可用来规定为本系统特殊准备功能。

G 代码是与插补有关的准备性工艺指令,根据设备的不同,G 代码也会有所不同。G 代码有两种:一种是模态代码,这种 G 代码在同组其他 G 代码出现以前一直有效;另一种是非模态代码,这种 G 代码只在被指定的程序段才有意义。不同组的 G 代码,在同一程序段中可以指定多个。如果在同一程序段中指定了两个或两个以上的同一组 G 代码,则后面指定的有效。下面对常用的 G 指令做一介绍。

①G00:快速点定位指令 绝对值表示时,用 G90 指令,刀具分别按各轴的快速进给速度,从刀具当前的位置移动到坐标系给定的点。增量值时用 G91 指令,刀具以各轴的快速进给速度,移动到距当前位置为给定值的点。各坐标轴独自运动,没有关联,无运动轨迹要求。

格式:G90(或 G91)G00X—Y—Z—LF

表 2.4 ISO 标准对准备功能 G 的规定

代 码	功 能	说 明	代 码	功 能	说 明
G00	点定位		G57	XY 平面直线位移	
G01	直线插补		G58	XZ 平面直线位移	
G02	顺时针圆弧插补		G59	YZ 平面直线位移	
G03	逆时针圆弧插补		G60	准确定位（精）	按规定公差定位
G04	暂停	执行本段程序前暂停一段时间	G61	准确定位（中）	按规定公差定位
G05	不指定		G62	快速定位（粗）	按规定之较大公差定位
G06	抛物线插补		G63	攻丝	
G07	不指定		G64 ~ G67	不指定	
G08	自动加速		G68	内角刀具偏置	
G09	自动减速		G69	外角刀具偏置	
G10 ~ G16	不指定		G70 ~ G79	不指定	
G17	选择 XY 平面		G80	取消固定循环	取消 G81 ~ G89 的固定循环
G18	选择 ZX 平面		G81	钻孔循环	
G19	选择 YZ 平面		G82	钻或扩孔循环	
G20 ~ G32	不指定		G83	钻深孔循环	
G33	切削等螺距螺纹		G84	攻丝循环	
G34	切削增螺距螺纹		G85	镗孔循环 1	
G35	切削减螺距螺纹		G86	镗孔循环 2	
G36 ~ G39	不指定		G87	镗孔循环 3	
G40	取消刀具补偿		G88	镗孔循环 4	
G41	刀具补偿-左侧	按运动方向看，刀具在工件左侧	G89	镗孔循环 5	
G42	刀具补偿-右侧	按运动方向看，刀具在工件右侧	G90	绝对值输入方式	
G43	正补偿	刀补值加给定坐标值	G91	增量值输入方式	
G44	负补偿	刀补值从给定坐标值中减去	G92	预置寄存	修改尺寸字面不产生运动
G45	用于刀具补偿		G93	按时间倒数给定进给速度	
G46 ~ G52	用于刀具补偿		G94	进给速度（mm/min）	
G53	直线位移功能取消		G95	进给速度（mm/r（主轴））	
G54	X 轴直线位移		G96	主轴恒线速度（m/min）	
G55	Y 轴直线位移		G97	主轴转速（r/min）	取消 G96 的指定
G56	Z 轴直线位移		G98 ~ G99	不指定	

式中,X,Y,Z 为尺寸字,在有些系统采用相对尺寸编程时,也用 U,V,W 表示。LF 表示程序段结束符。

②G01:直线插补指令 用于产生直线和斜线运动。可使机床沿 X,Y,Z 方向执行单轴运动,或在各坐标平面内执行具有任意斜率的直线运动,也可使机床 3 轴联动,沿任一空间直线运动。

格式:G90(或 G91)G01X—Y—Z—F—LF

式中,用 F 指令指定进给速度,其他符号意义同上。

③G02,G03:圆弧插补指令 使机床在各坐标平面内执行圆弧运动,加工出圆弧轮廓。G02 为顺时针圆弧插补指令,G03 为逆时针圆弧插补指令。圆弧的顺、逆方向是向垂直于运动平面的坐标轴的负方向看其顺、逆向来决定的。

格式:(以 XY 平面顺圆插补为例):

第一种:G02X—Y—I—J—F—LF

第二种:G02X—Y—R—F—LF

第一种格式中,运动参数用圆弧终点坐标(X,Y)值(绝对尺寸)或圆弧终点相对于其起点的距离(X 和 Y 增量尺寸)。插补参数(I,J 或 K)为圆心坐标值,一般用增量坐标。圆心相对圆弧起点的 X 坐标距离为 I 值,圆心相对圆弧起点的 Y 坐标距离为 J 值。由于插补运动平面不同,可以分为三组:

XY 平面,用 X,Y,I,J 地址符号;XZ 平面,用 X,Z,I,K 地址符号;YZ 平面,用 Y,Z,J,K 地址符号。编制一个整圆程序时,圆弧的终点等于圆弧的起点,并用 I,J 或 K 指定圆心,这时 XY 或 Z 可以省略(不同系统对此有不同的规定)。

第二种格式,运动参数同第一种格式中的规定。插补参数为圆弧半径 $R,R>0$ 时,加工出 "0° ~ 180°" 的圆弧。$R<0$ 时,加工出 "180° ~ 360°" 的圆弧。R 值小于圆起点到终点距离的一半时,成为一个以圆弧起点和终点距离一半为半径的 180°圆弧。

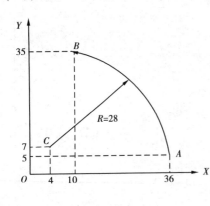

图 2.4 圆弧插补

圆弧插补举例:用 F = 1 000 mm/min 的进给速度加工 XY 平面第一象限中的逆圆弧$\overset{\frown}{AB}$,圆心为 C,半径 $R=28$ mm,起点为 A,终点为 B。其坐标尺寸如图 2.4 所示。

用绝对坐标系统编程,两种格式编程为:

G90 G03X10.0 Y35.0 I - 32.0 J2.0 F1000LF

G90 G03 X10.0 Y35.0 R28.0 F1000LF

用相对(增量)坐标系统编程,两种格式编程为:

G91 G03 X – 26.0 Y30.0 I - 32.0 J2.0 F1000LF

G91 G03X – 26.0 Y30.0 R28.0 F1000LF

④G04:暂停指令 暂停指令用在下述情况:在棱角加工时,为了保证棱角尖锐,使用暂停指令;对不通孔加工作深度控制时,在刀具进给到规定深度后,用暂停指令停止进刀,待主轴转一转以上后退刀,以使孔底平整;镗孔完毕后要退刀时,为避免留下螺纹划痕而影响光洁度,应使主轴停止转动,并暂停 1 ~ 3 s,待主轴完全停止后再退刀;横向车削时,应在主轴转过一转以后再退刀,可用暂停指令;在车床上倒角或打中心孔时,为使倒角表面和中心孔锥面平整,可用暂停指令等。

格式：G04 P-LF

暂停时间单位为毫秒也可为秒,地址 P 可用十进制数编程。不同系统还有些不同的规定。

⑤G08,G09：自动加、减速指令 G08 表示从当前的静止或运动状态以指数函数自动加速到程序规定的速度。G09 表示在接近程序规定位置时,开始从程序规定的速度以指数函数自动减速。

⑥G17～G19：平面选择指令 G17 指定工件 XY 平面上加工,G18,G19 分别在 ZX,YZ 平面上加工。这些指令在进行圆弧插补和刀具补偿时必须使用。例如:

G17　G02 X—Y—I—J—F—LF

⑦G43,G44 刀具长度补偿指令 刀具长度补偿也称为刀具长度偏置。格式为:

$$\left.\begin{matrix} G17 \\ G18 \\ G19 \end{matrix}\right\} \left\{\begin{matrix} G43 \\ G44 \end{matrix}\right\} \left.\begin{matrix} Z- \\ Y- \\ X- \end{matrix}\right\} H\text{-}LF$$

式中　Z,Y,X——补偿轴;

　　　H(有的系统用 D)——对应于刀补存储器中补偿值的补偿号代码。

补偿号代码为 2 位数,如 H00～H99 补偿值由刀补拨码开关输入,MDI 输入或程序设定输入,具体值不同机床有所不同。如 0～999.999 mm。补偿号除用 H(或 D)代码外,还可用刀具功能 T 代码的低 1 位或低 2 位数字指定。

G43 为"加偏置"("+偏置"),G44 为"减偏置"("-偏置")。无论是绝对指令(G90 时)还是增量指令(G91 时),当用 G43 时,将偏移存储器中用 H 代码设定的偏移量(包括符号的值)与程序中偏移轴移动的终点坐标值(包括符号的值)相加,G44 时相减,其结果的坐标值为终点坐标值。偏移值符号为"正"("+"),用 G43 时,是向偏置轴"正"方向移动一个偏移量,用 G44 时,向负方向移动一个偏移量。偏移值的符号为"负"("-")时,分别与上述情况相反。

G43,G44 为模态代码,在本组的其他指令代码被指令之前,一直有效。取消刀具长度偏置可用 G40 指令(有的用 G49),或者偏置号为 H00 都可立即取消长度偏置。

刀具长度补偿程序例如下:

N0003　G90 G43　Z100.0　H01 LF(设定 H01 = 10 mm)

N0005　G91 G43　Z-113.5　H02 LF(设定 H02 = 1.5 mm)

N0007　G90 G18　G44 Y-32.0. H03 LF(设定 H03 = -4 mm)

N0009　G90 G18　G44 Y-32.0　T0203 LF(设定偏置值为 -4 mm)

N0003 程序段表示刀具在 Z 轴上移动到 110.0 mm 处;N0005 程序段表示刀具移动到的终点坐标值上加上一个偏置值 1.5 mm;N0007 程序段表示刀具在偏置轴 Y 上移到 -28 mm 处;N0009 程序段,刀具功能字用四位数字表示,前两位数字(02)是刀具号,后两位数字(03)是补偿号(或叫偏置号),刀具移动同 N0007 程序段。

⑧G40,G41,G42：刀具半径补偿指令 根据刀具补偿指令,可进行刀具轴向尺寸补偿和刀具半径尺寸补偿运算。刀具半径补偿是指轮廓加工的刀具半径补偿和程序段间的尖角(拐点)过渡。一般补偿范围为 0～99 mm,精度为 0.001～0.01 mm,视系统分辨率而定。

刀具半径补偿有 B 刀补和 C 刀补,B 刀具半径补偿只能实现本程序内的刀具半径补偿,而对于程序段间的尖角不予处理。C 刀具半径补偿功能可自动地实现尖角过渡。只要给出零件轮廓的程序数据,数控系统能自动地进行拐点处的刀具中心轨迹交点的计算。所以具有 C 刀具半径补偿功能的系统,只需按零件轮廓编程。

使用刀具半径补偿指令,需事先输入刀具半径值。

在程序中可用指令实现刀具半径补偿。

G41——左偏刀具半径补偿。沿刀具运动方向看(假设工件不动),刀具位于零件左侧时的刀具半径补偿。

G42——右偏刀具半径补偿。沿刀具运动方向看(假设工件不动),刀具位于零件右侧时的刀具半径补偿。

G40——刀具补偿/刀具偏置注销。仅用在 G00,G01 的情况,使用 G40 指令则 G41,G42 指令无效。

刀具补偿的运动轨迹可分 3 种情况:刀具补偿形成的切入阶段、零件轮廓切削阶段和刀具补偿撤销阶段。

⑨G92:坐标系设定指令　程序编制时,使用的是工件坐标系,其编程起点即为刀具开始运动的起刀点。但是在开始运动之前,应将工件坐标系告诉给数控系统。通过把编程中起刀点的位置在机床坐标系上设定,将两个坐标系联系起来。机床坐标系中设定的固定点(起刀点),称为参考点。G92 指令能完成参考点的设定。利用返回参考点的功能,刀具很容易移动到这个位置。这样一来,机床坐标系中的参考点就是编程中(工件坐标系)的起刀点。

用 G92 指令指定参考点在工件坐标系的位置。

格式:G92 X—Y—Z—γ—σ—LF

式中　X,Y,Z——绝对值的基本直线坐标;

　　　γ,σ——旋转坐标 A,B,C 或与 X,Y,Z 平行的第二坐标。

该指令设定了刀具(具体为刀位点)在工件坐标系中的坐标为 X,Y,Z,γ,σ,从而建立了工件加工坐标系。

⑩G90,G91:绝对尺寸及增量尺寸编程指令　G90 表示程序段的坐标字按绝对坐标编程,G91 表示程序段的坐标字按增量坐标编程。

为进一步理解前面所介绍的指令,以图 2.5 的零件为例,用具有 C 刀具半径补偿功能的数控系统加工,若刀具从 O 点开始移动,加工程序如下:

N0001 G91 G17 G01 G41 H01

　　　　X15.00 Y25.00 F200　　　　　　LF

N0002 X35.00 Y15.00　　　　　　　　　LF

N0003 X 25.00 Y-20.00　　　　　　　　LF

N0004 G03 X25.00 Y-20.5 R25.5　　　　LF

N0005 G40 G01 X15.00 Y0.0　　　　　　LF

N0006 M02　　　　　　　　　　　　　　LF

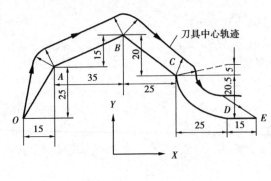

图 2.5　零件图例

程序中的 H01 为刀具补偿号,在 H01 中存有刀具半径补偿值。

（2）辅助功能 M 指令

辅助功能 M 指令也称为 M 代码。辅助功能 M 指令以地址符 M 为首，后跟 2 位数字（M00～M99），ISO 标准对辅助功能 M 指令的规定见表 2.5。这类指令主要用于机床加工操作时的一些通断性质的工艺指令。M 代码常因生产厂家及机床的结构和规格不同而各异。下面介绍一些常用的 M 代码。

1）程序停止指令 M00

在完成程序段的其他指令后用以停止主轴、冷却液，使程序停止。

加工过程中需停机检查、测量零件或手工换刀和交接班等，可使用程序停止指令。

2）计划中停指令 M01

M01 指令的功能与 M00 相似。但与 M00 指令不同的是：只有操作面板上的"选择停止开关"于接通状态时，M01 指令才起作用。

3）主轴控制指令 M03，M04，M05

M03，M04 和 M05 指令的功能分别为控制主轴顺时针方向转动、逆时针方向转动和停止。

4）换刀指令 M06

M06 为手动或自动换刀指令，不包括刀具选择，选刀用 T 功能指令。也可以自动地关闭冷却液和停主轴。

自动换刀一般是由刀架转位实现（如数控车床和转塔钻床），它要求刀具调整好后安装在转塔刀架上，换刀指令可实现主轴停止、刀架脱开、转位等动作。自动换刀的另一种情况是用"机械手-刀库"来实现的（如加工中心），换刀过程分为换刀和选刀两类动作，换刀用 M06，选刀用 T 功能指令。

手动换刀指令 M06 用来显示待换刀号。对显示换刀号的数控机床，换刀是用手动实现的。采用手动换刀时，程序中应安排计划停止指令 M01，且安置换刀点，手动换刀后再启动机床开始工作。

5）冷却液控制指令 M07，M08，M09

M07——2 号冷却液开。用于雾状冷却液开。

M08——1 号冷却液开。用于液状冷却液开。

M09——冷却液关。注销 M07，M08，M50 及 M51（M50、M51 为 3 号、4 号冷却液开）。

6）夹紧、松开指令 M10，M11

M10，M11 分别用于机床滑座、工件、夹具、主轴等的夹紧、松开。

7）主轴及冷却液控制指令 M13，M14

M13——主轴顺时针方向转动并冷却液开。

M14——主轴逆时针方向转动并冷却液开。

8）M02 和 M30

M02 为程序结束指令。它的功能是在完成程序段的所有指令后，使主轴进给和冷却液停止。常用以使数控装置和机床复位。

M30 指令除完成 M02 指令功能外，还包括将纸带倒回到程序开始的字符等。

表 2.5　ISO 标准对辅助功能 M 的规定

代　码	功　能	说　明	代　码	功　能	说　明
M00	程序停止	主轴、冷却液停	M31	互锁机构暂时失效	
M01	计划的停止	需按钮操作确认才执行	M32～M35	不指定	
M02	程序结束	主轴、冷却液停,机床复位	M36	进给速度范围 1	不停车齿轮变速范围
			M37	进给速度范围 2	
M03	主轴顺时针方向转	右旋螺纹进入工件方向	M38	主轴速度范围 1	不停车齿轮变转速范围
M04	主轴逆时针方向转	右旋螺纹离开工件方向	M39	主轴速度范围 2	
M05	主轴停止	冷却液关闭	M40～M45	不指定	可用于齿轮换挡
M06	换刀	手动或自动换刀,不包括选刀	M46～M47	不指定	
			M48	取消 M49	
M07	2 号冷却液开		M49	手动速度修正失效	回至程序规定的转速或进给率
M08	1 号冷却液开				
M09	冷却液停止		M50	3 号冷却液开	
M10	夹紧	工作台、工件、夹具、主轴等	M51	4 号冷却液开	
			M52～M54	不指定	
M11	松开		M55	刀具直线位移到预定位置 1	
M12	不指定				
M13	主轴顺时针转,冷却液开		M56	刀具直线位移到预定位置 2	
M14	主轴逆时针转,冷却液开		M57～M59	不指定	
M15	正向快速移动		M60	换工件	
M16	反向快速移动		M61	工件直线位移到预定位置 1	
M17～M18	不指定		M62	工件直线位移到预定位置 2	
M19	主轴准停	主轴缓转至预定角度停止	M63～M70	不指定	
M20～M29	不指定		M71	工件转动到预定角度 1	
M30	纸带结束	完成主轴冷却液停止、机床复位、纸带回卷等动作	M72	工件转动到预定角度 2	
			M73～M99	不指定	

2.3.3 编程举例

（1）数控孔加工的程序编制

1）孔加工程序编制的特点

孔加工一般在数控钻床、镗床和加工中心机床上进行，数控铣床上也可以实现孔加工。孔加工编程时，没有复杂的数学计算，因而编程比较简单。孔径尺寸由刀具保证，孔距的位置尺寸精度取决于数控系统和机械系统的精度。为了提高孔加工的精度和效率，程序编制中要注意以下几点：

①编程中坐标系统的选择应与图纸尺寸的标注方法一致，这样不但减少了尺寸换算，而且容易保证加工精度。

②注意提高对刀精度，如程序中要换刀，只要空间允许的话，可使换刀点安排在加工点上。

③使用刀具长度补偿功能，在刀具磨损、换刀后、长度尺寸变化时，使用刀具长度补偿可以保证孔深尺寸。

④在孔加工量很大时，为了简化编程，使用固定循环指令和对称功能（一般的数控系统都具有此功能）。

⑤程序编完后应进行程序原点返回检查，以保证程序正确性。

2）孔加工手工编程举例

例 2.1 使用刀具长度补偿和一般指令加工如图 2.6 所示零件中 A, B 和 C 3 个孔。

①分析零件设计图，确定加工路线，工艺参数，进行工艺处理工件定位选在底面和侧面，夹紧用压板。对刀点选在工件外，距工件上表面 35 mm 处，并以此作为起刀点。根据孔径选用 15 mm 的钻头，由于其长度磨损需要进行长度补偿，补偿量 $b = -4$ mm，刀补号为 H01。补偿号 H00 的补偿量为 0，可以用作取消刀补。主轴转数 $S = 600$ r/min，刀具进给速度 $F = 1\ 000$ mm/min。在具有刀具长度补偿的数控钻床上加工，走刀路线见图 2.6 所示。

②数学处理 钻削加工数学处理比较简单，根据图纸上尺寸，按照增量坐标（G91）或绝对坐标（G90）确定每个程序段中的各坐标值。

③编写零件加工程序单按照增量坐标编程格式编写的 A，B 和 C 三孔加工的程序单如下：

```
N0001   G91   G00   X120.0   Y80.0    LF   定位到 A 点
N0002   G43   Z-32.0   T1    H01       LF   刀具快速移动到工进起点,刀具长度加偏置补偿
N0003   S600   M03                     LF   主轴启动
N0004   G01   Z-21.0   F1000           LF   加工 A 孔
N0005   G04   P2000                    LF   孔底停留 2 s
N0006   G00   Z21.0                    LF   快速返回到工进起点
N0007          X30.0   Y-50.0          LF   定位到 B 点
N0008   G01   Z-38.0                   LF   加工 B 孔
N0009   G00   Z38.0                    LF   快速返回到工进起点
N0010          X50.0   Y30.0           LF   定位到 C 点
N0011   G01   Z-25.0                   LF   加工 C 孔
```

N0012	G04	P2000		LF	孔底停留2 s
N0013	G00	Z57.0	H00	LF	Z坐标返回到程序起点,取消刀补
N0014		X-200.0	Y-60.0	LF	X,Y坐标返回到程序起点
N0015	M05	M02		LF	主轴停转,程序结束

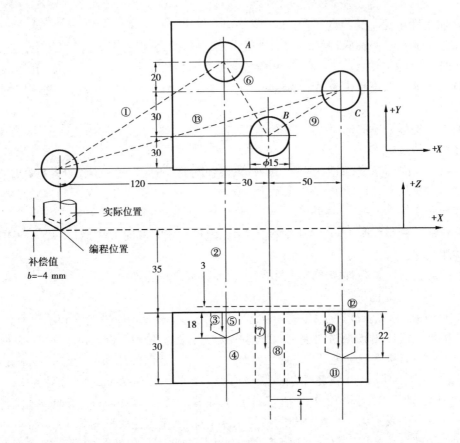

图2.6　钻三孔工件图

(2)车削加工的程序编制

这里主要针对我国经济型数控车床加工的程序编制方法做一介绍。

1)数控车削程序编制的特点

①坐标的取法及坐标指令　数控车床径向为 X 轴、纵向为 Z 轴。X 和 Z 坐标指令,在按绝对坐标编程时使用代码 X 和 Z,按增量编程时使用代码 U 和 W。切削圆弧时,使用 I 和 K 表示圆弧起点相对圆心的相应坐标增量值或者使用半径 R 值代替 I,K 值。在一个零件的程序中或一个程序段中,可以按绝对坐标编程,或增量坐标编程,也可以用绝对坐标值与增量坐标值混合编程。

X 和 U 坐标值,在数控车床的程序编制中是"直径值",即按绝对坐标值编程时,X 为直径值,按增量坐标编程时,U 为径向实际位移值的 2 倍,并附上方向符号(正向省略)。

②刀具补偿　由于在实际加工中,刀具产生磨损及精加工时车刀刀尖磨成半径不大的圆弧;换刀时,刀尖位置有差异以及安装刀具时产生误差等,都需要利用刀具补偿功能加以补偿。

现代数控车床中都有刀具补偿功能。如果不具有刀具补偿功能,就需要进行复杂的计算。

③车削固定循环功能　车削加工一般为大余量多次切除的过程,常常需要多次重复几种固定的动作。因此,在数控车床中具备各种不同形式的固定切削循环功能。如内、外圆柱面固定循环,内、外锥面固定循环,端面固定循环,切槽循环,内、外螺纹固定循环及组合面切削循环等。使用固定循环指令可以简化编程。

2)车削加工手工编程举例

例2.2　车削零件如图2.7所示,这是一个检验数控车床功能的比较典型的零件,该零件已在卧式车床上进行粗加工,本工序只需要进行精加工,加工内容有:栓面、锥面、圆弧、割槽、倒角及螺纹等。图中 $\phi 85$ 不加工。

加工的夹紧方式和刀具选择:以三爪卡盘夹紧 $\phi 85$ mm,右端面加顶尖,选用3种刀具进行加工,T_1 为80度菱形刀片,精车外径;T_2 为宽3 mm的槽刀,切3 mm×$\phi 45$ mm退刀槽,T_3 为60度螺纹车刀。

螺纹加工中 M48 mm×1.5 mm 实际外径取 $d = 48$ mm $- 0.1 \times 1.5$ mm $= 47.85$ mm;总切深 $h = 0.63 \times 1.5$ mm;内径 $d' = 48$ mm $- 1.36 \times 1.5$ mm $= 45.96$ mm。

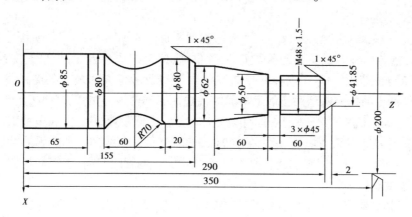

图2.7　车削零件图

工件坐标系如图2.7所示。加工程序编制如下:

N0001	G92	X200.0	Z350.0					LF	坐标设定
N0002	G00	X41.8	Z292.0	S31	M03	T11	M08	LF	
N0003	G01	X47.8	Z289.0	F15				LF	倒角
N0004		U0.0	W-59.0					LF	$\phi 47.8$
N0005		X50.0	W0					LF	退刀
N0006		X62.0	W-60.0					LF	锥度
N0007		U0.0	Z155.0					LF	$\phi 62$
N0008		X78.0	W0.0					LF	退刀
N0009		X80.0	W-1.0					LF	倒角
N0010		U0.0	W-19.0					LF	$\phi 80$
N0011	G02	U0.0	W-60.0	I63.25	K30.0			LF	圆弧
N0012	G01	U0.0	Z65.0					LF	$\phi 80$
N0013		X90.0	W0.0					LF	退刀

N0014	G00	X200.0	Z350.0	M05	T10	M09		LF	退刀
N0015		X51.0	Z230.3	S23	M03	T22	M08	LF	
N0016	G01	X45.0	W0.0	F10				LF	割槽
N0017	G04	U0.5						LF	延迟
N0018	G00	X51.0	W0.0					LF	退刀
N0019		X200.0	Z350.0	M05	T20	M09		LF	退刀
N0020		X52.0	Z296.0	S22	M03	T33	M08	LF	车螺纹起始位置
N0021	G78	X47.2	Z231.5	F330.0				LF	直螺纹循环
N0022		X46.6	W-64.5					LF	直螺纹循环
N0023		X46.1	W-64.5					LF	直螺纹循环
N0024		X45.8	W-64.5					LF	直螺纹循环
N0025	G00	X200.0	Z350.0	T30	M05	M02		LF	退至起点

(3)数控轮廓铣削加工的程序编制

1)轮廓铣削编程特点

①铣削是机械加工最常用的方法之一,它包括平面铣削和轮廓铣削。使用数控铣床的目的在于:解决复杂的和难加工的工件的加工问题;数控铣床功能各异,规格繁多:有 2 坐标联动、3 坐标联动和铣削中心等。编程选择数控铣床类型要考虑如何最大限度地发挥数控机床的特点。2 坐标联动数控铣床用于加工平面零件轮廓,3 坐标以上的数控铣床用于难度较大的复杂工件的立体轮廓加工;铣削中心具有多种功能,可以多工位、多工件和多种工艺方法加工。

②数控铣床的数控装置具有多种插补方法,一般都具有直线插补和圆弧插补,有的还具有极坐标插补、抛物线插补、螺旋线插补等多种插补功能。编程时,要合理充分地选择这些功能,以提高加工精度和效率。

③程序编制时要充分利用数控铣床齐全的功能,如刀具位置补偿、刀具长度补偿、刀具半径补偿和固定循环、对称加工等多种任选功能。铣削中心还具有自动换刀功能等。

④平面铣削和由直线、圆弧组成的平面轮廓铣削的数学处理比较简单。非圆曲线、空间曲线和曲面的轮廓铣削加工,数学处理比较复杂,一般采用自动编程或交互式计算机图形零件编程软件完成。

2)铣削加工手工编程举例

例 2.3 铣削外轮廓的加工程序编制。图 2.8 的零件由平行于坐标轴的直线和 2 段圆弧组成。刀具直径为 $\phi20$ mm,偏置号 D01,偏置量 +10.0 mm。加工路线从 O 点开始,经过 A,B,C,D,E,F,G,H,I,J,A,又回到 O 点。

加工程序编制如下:

N0001	G92 X0 Y0 Z0	LF	定义刀具当前位置
N0002	G91 G17 M03	LF	增量坐标编程,主轴转动
N0003	G00 Z10	LF	Z 轴提升至安全高度
N0004	G42 X80 Y50 D01	LF	建立刀具半径补偿
N0005	G01 Z-15 F50	LF	Z 轴进给至切削深度
N0006	X50 F120	LF	切削进给 AB

N0007	Y40	LF	切削进给 BC
N0008	X40	LF	切削进给 CD
N0009	Y- 40	LF	切削进给 DE
N0010	X30	LF	切削进给 EF
N0011	G03 X30 Y30 R30	LF	加工圆弧 FG
N0012	G01 Y20	LF	切削进给 GH
N0013	G02 X-30 Y30 R30	LF	加工圆弧 HI
N0014	G01 X-120	LF	切削进给 IJ
N0015	Y-80	LF	切削进给 JA
N0016	G40 G00 X-80 Y-50	LF	撤销刀具半径补偿
N0017	Z30	LF	Z 轴方向退刀
N0018	M05	LF	主轴停转
N0019	M02	LF	程序结束

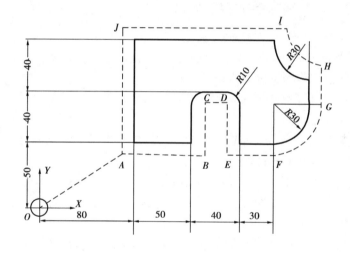

图 2.8　铣削工件零件图

(4)数控线切割加工的程序编制

数控线切割加工对象大多数零件图形都是由直线和圆弧组成,即使是复杂的图形,只要分解为直线和圆弧的拟合图形即可依次分别编程。在一些数控线切割机上,还用到 3B 语言编程。编程时需用的参数有 5 个:切割的起点或终点坐标 X,Y 值;切割时的计数长度(切割长度在 X 轴或 Y 轴上的投影长度);切割时的计数方向 G;切割轨迹的类型,称为加工指令 Z。

1)程序格式

我国数控线切割机床采用统一的五指令程序格式,即

$$BXBYBJGZ$$

其中　B——分隔符,用它来区分、隔离 X,Y 和 J 等数码,B 后的数字如为 0(零),此 0 可以不写;

　　X,Y——直线的终点或圆弧起点的坐标值,编程时均取绝对值,以 μm 为单位;

J——计数长度,亦以 μm 为单位,编程时必须填写满 6 位数,例如计数长度为 4 560
μm,则应写成 004560;

G——计数方向,分 G_x 或 G_y,即可按 X 方向或 Y 方向计数,工作台在该方向每走 1 μm
即计数累减 1,当累减到计数长度 J=0 时,这段程序即加工完毕;

Z——加工指令,分为直线 L 与圆弧 R 两大类。直线又按走向和终点所在象限而分为
L_1,L_2,L_3,L_4 四种;圆弧又按起点所在象限及走向的顺、逆圆而分为 SR_1,SR_2,
SR_3,SR_4 及 NR_1,NR_2,NR_3,NR_4 八种,如图 2.9 所示。

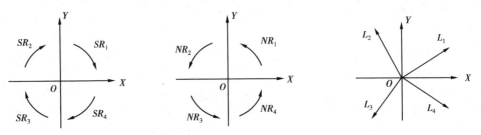

图 2.9　直线和圆弧的加工指令

2）直线的编程

①把直线的起点作为坐标的原点;

②把直线的终点坐标值作为 X,Y,均取绝对值,单位为 μm,亦可用公约数将 X,Y 缩小整数
倍数;

③计数长度 J,按计数方向 G_x 或 G_y,取该直线在 X 轴或 Y 轴上的投影值,即取 X 值或 Y
值,以 μm 为单位,需填写成 6 位数;

④计数方向的选取原则,一般选取与终点处的走向较平行的轴向作为计数方向,这样可减
小编程误差和加工误差。对直线而言,取 X,Y 中较大的绝对值和轴向作为计数长度 J 和计数
方向;

⑤加工指令按直线走向和终点所在象限不同而分为 L_1,L_2,L_3,L_4,其中与 +X 轴重合的直
线算作 L_1,与 +Y 轴重合的算作 L_2,与 -X 轴重合的算作 L_3,余类推。与 X,Y 轴重合的直线,
编程时 X,Y 均可作 0,且在 B 后可不写。

3）圆弧的编程

①把圆弧的圆心作为坐标原点;

②把圆弧的起点坐标值作为 X,Y,均取绝对值,单位为 μm;

③计数长度 J 按计数方向取 X 或 Y 轴上的投影值,以 μm 为单位,需填写成六位数。如果
圆弧较长,跨越两个以上象限,则分别取计数方向 X 轴(或 Y 轴)上面各个象限投影值的绝对
值相累加,作为该方向总的计数长度。

④计数方向同样也取与该圆弧终点时走向较平行的轴向作为计数方向,以减少编程和加
工误差。对圆弧来说,取终点坐标(X',Y')中绝对值较小的轴向作为计数方向(与直线相反)。

⑤加工指令对圆弧而言,按其起点所在象限可分为 $R_1R_2R_3R_4$,在 +X 轴上算作 R_1,在 +Y
轴上算作 R_2,其余类推。按切割走向又可分为顺圆 S 和逆圆 N,于是共有 8 种指令 SR_1,SR_2,
SR_3,SR_4;NR_1,NR_2,NR_3,NR_4。

4）编程举例

例 2.4 要求切割图 2.10 所示的零件图形,加工路线为:$A—B—C—D—A$。由图可知,可分四段程序进行编制。

①加工直线 $\overline{AB}$。坐标原点取在 A 点,$\overline{AB}$ 与 X 轴正重合,X,Y 均可做 0 计(按 $X = 40\ 000,Y = 0$ 编程为 B4BB040000$G_x L_1$ 也可,不会出错),故程序为

$$BBB040000G_x L_1$$

②加工斜线 $\overline{BC}$。坐标原点取在 B 点,终点 C 的坐标值是 $X = 10\ 000,Y = 90\ 000$,故程序为

$$B1B9B090000G_y L_1$$

③加工圆弧 $\overset{\frown}{CD}$。坐标原点取在圆 O,这时起点 C 的坐标为 $X = 30\ 000,Y = 40\ 000$,故程序为

$$B30000B40000B060000G_x NR_1$$

④加工斜线 $\overline{DA}$。坐标原点应取在 D 点,终点 A 的坐标为 $X = 10\ 000,Y = 90\ 000$,故程序为

$$B1B9B090000G_y L_4$$

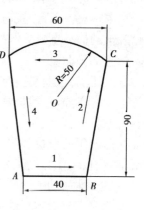

图 2.10 编程图形

整个工件的程序见表 2.6。

表 2.6 加工程序表

序号	B	X	B	Y	B	J	G	Z
1	B	4	B		B	040000	G_x	L_1
2	B	1	B	9	B	090000	G_y	L_1
3	B	30 000	B	40 000	B	060000	G_x	NR_1
4	B	1	B	9	B	090000	G_y	L_4
5	B		B		B			

2.4 数控编程的数学处理

2.4.1 数学处理的概念

程序编制中数学处理的任务是根据零件设计图和加工路线计算出机床数控装置所需输入数据,也就是进行机床各坐标轴位移数据的计算和插补计算。在编制点位加工程序时,往往不需要数值计算。对于形状较简单(由直线、圆弧构成)的轮廓零件,若数控系统具有直线、圆弧插补功能和刀具补偿功能,则数学处理也比较简单,此时只需算出零件轮廓上相连几何元素的交点或切点的坐标值。当零件形状比较复杂或零件形状与机床控制装置的插补功能不一致时,就需要进行比较复杂的计算。在用直线插补功能逼近曲线(APT 自动编程语言系统中,也

采用直线逼近曲线的原则)时,用一段一段的直线来逼近曲线,此时数学处理的任务是计算出各分隔点的坐标值,并使逼近误差小于容许值。

零件设计图上,数据是按轮廓尺寸给出的。加工时刀具按刀具中心轨迹运动,所以仅计算轮廓上的插补点坐标值是不够的,还要计算刀具轨迹上各点的坐标值,同时还需求出尖角过渡转折点的坐标值。

对于飞机、舰船、航天器等上面的许多零件轮廓并不是用数学方程式描述,而是用一组离散的坐标点描述,编程时,首先需要决定这些离散点(Discrete Point)之间轨迹变化的规律。现在经常使用样条(Spline)插值函数达到这一目的,但用样条拟合的轮廓曲线仍然是任意曲线,如果所使用的数控系统只有直线、圆弧插补功能,还需将样条曲线进一步处理成直线信息或圆弧信息,以便作为机床数控装置的输入。

关于曲面的数学处理,尤其是用离散点描述的曲面处理就更为复杂。

当采用自动编程语言系统时,上述数学处理工作由计算机进行,因此编程人员只须用数控语言书写零件源程序,而不必直接进行数值计算。这些计算由自动编程系统的软件实现。

2.4.2 非圆曲线轮廓零件的数学处理

非圆曲线轮廓零件的种类很多,但不管是哪一种类型的非圆曲线零件,编程时所做的数学处理是相同的。一是选择插补方式,即采用直线还是圆弧逼近非圆曲线;二是插补节点坐标计算。

(1)用直线逼近零件轮廓曲线的节点计算

常用的计算方法有:等间距法、等弦长法、等误差法和比较迭代法等。

等间距法(见图2.11(a))是使一坐标的增量相等,然后求出曲线上相应的节点,再将相邻节点连成直线,用这些直线段组成的折线代替原来的廓形曲线。坐标增量取得愈小,则插补误差 $\Delta_{插}$ 愈小,这使得节点增多,程序段也就增多,编程费用高。具体坐标增量取多大,可根据误差要求来取值。等间距法计算较简单。

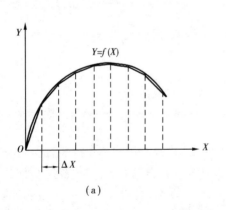

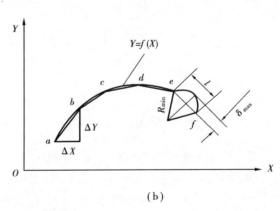

(a)   (b)

图2.11　等间距法和等弦长法

(a)等间距法　(b)等弦长法

等弦长法(见图 2.11(b))是使所有逼近直线段长度相等。总的来看,它比等间距法的程序段数少一些。当曲线曲率半径变化较大时,所求节点数将增多,所以此法适用于曲率变化不很大的情况。

等误差法是使逼近线段的误差相等,且等于 $\Delta_插$,所以此法较上面两种方法更合理,特别适合曲率变化较大的复杂曲线轮廓。等误差法见图 2.12。下面介绍用等误差法计算节点坐标的方法。设零件轮廓曲线的数学方程为 $Y = f(X)$。

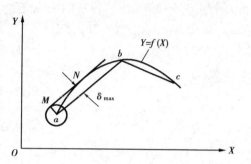

图 2.12 等误差法

1)以起点 a 为圆心,以允许误差 $\Delta_插$ 为半径画圆。其圆方程为:

$$\Delta_插^2 = (X - X_a)^2 + (Y - Y_a)^2 \qquad (2.1)$$

式中 X_a, Y_a 为已知的 a 点坐标值。

2)做 $\Delta_插$ 圆与曲线 $Y = f(X)$ 的公切线 MN,则可求公切线 MN 的斜率 K

$$K = \frac{Y_N - Y_M}{X_N - X_M}$$

为求出 Y_N, Y_M, X_N, X_M,需解下面的方程组:

$$\begin{cases} Y_N = f(X_N) & \text{（曲线方程）} \\ \dfrac{Y_N - Y_M}{X_N - X_M} = f'(X_N) & \text{（曲线切线方程）} \\ Y_M = f(X_M) & \text{（允差圆方程）} \\ \dfrac{Y_N - Y_M}{X_N - X_M} = f'(X_M) & \text{（允差圆切线方程）} \end{cases}$$

式中的允差圆即 $\Delta_插$ 圆,$Y = f(X)$ 表示 $\Delta_插$ 圆的方程,见式(2.1)。

3)过 a 点做斜率为 K 的直线,则得到直线插补段 ab,其方程式为

$$Y - Y_a = K(X - X_a)$$

4)求直线插补节点 b 的坐标。

最后求方程

$$\begin{cases} Y = f(X) & \text{（曲线方程）} \\ Y = K(X - X_a) + Y_a & \text{（直线插补段方程）} \end{cases}$$

的交点 $b(X_b, Y_b)$ 的坐标值,便是第一个直线插补节点。

再从 b 点开始重复上述的步骤,依次得到其余各节点坐标值。

用等误差法,虽然计算较复杂。但可在保证 $\Delta_插$ 的条件下,得到最少的程序段数目。此种方法的不足之处是:直线插补段的联结点处不光滑,使用圆弧插补段逼近,可以避免这一缺点。

(2)用圆弧逼近零件轮廓曲线的节点计算

零件轮廓曲线用 $Y = f(x)$ 表示,并使圆弧逼近误差小于或等于 $\Delta_插$。常采用彼此相交圆弧法和相切圆弧法。前者如圆弧分割法、三点作圆法等。后者的特点是相邻各圆弧段彼此相切,逼近误差小于或等于 $\Delta_插$。下面介绍如何用相切圆弧逼近法计算圆弧的半径和圆心值。

1)基本原理

图 2.13 中粗线表示工件廓形曲线,在曲线的一个计算单元上任选 4 个点 A,B,C,D,其中 A 点为给定的起点。AD 段(一个计算单元)曲线用两相切圆弧 M 和 N 逼近。具体来说,点 A 和 B 的法线交于 M,点 C 和 D 的法线交于 N,以点 M 和 N 为圆心,以 MA 和 ND 为半径做两圆弧,则 M 和 N 圆弧相切于 MN 的延长线上 G 点。

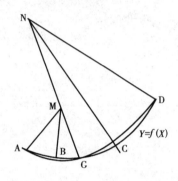

图 2.13 用相切圆逼近轮廓线

曲线与 M,N 圆的最大误差分别发生在 B,C 两点,应满足的条件是:

两圆相切 G 点 $|R_M - R_N| = \overline{MN}$ (2.2)

满足 $\Delta_插$ 要求 $\begin{cases} |\overline{AM} - \overline{BM}| \leqslant \Delta_插 \\ |\overline{DN} - \overline{CN}| \leqslant \Delta_插 \end{cases}$ (2.3)

2)计算方法

①求圆心坐标的公式。点 A 和 B 处曲线的法线方程式为

$$(X - X_A) - k_A(Y - Y_A) = 0$$
$$(X - X_B) - k_B(Y - Y_B) = 0$$

式中 k_A 和 k_B 为曲线在点 A 和 B 处的斜率,$k = dY/dX$。

解上两式得两法线交点 M(圆心)的坐标为

$$\begin{cases} X_M = \dfrac{k_A X_B - k_B X_A + k_A k_B (Y_A - Y_B)}{k_A - k_B} \\[3mm] Y_M = \dfrac{(X_B - X_A) + (k_A Y_A - k_B Y_B)}{k_A - k_B} \end{cases} \quad (2.4)$$

同理可通过 C,D 两点的法线方程求出 N(圆心)点坐标为

$$\begin{cases} X_N = \dfrac{k_C X_D - k_D X_C + k_C k_D (Y_C - Y_D)}{k_C - k_D} \\[3mm] Y_N = \dfrac{(X_D - X_C) + (k_C Y_C - k_D Y_D)}{k_C - k_D} \end{cases} \quad (2.5)$$

②求 B,C,D 三点坐标。根据式(2.2)和式(2.3)得

$$\sqrt{(X_A - X_M)^2 + (Y_A - Y_M)^2} + \sqrt{(X_M - X_N)^2 + (Y_M - Y_N)^2} =$$
$$\sqrt{(X_D - X_N)^2 + (Y_D - Y_N)^2} \quad (2.6)$$

$$\begin{cases} \left| \sqrt{(X_A - X_M)^2 + (Y_A - Y_M)^2} - \sqrt{(X_B - X_M)^2 + (Y_B - Y_M)^2} \right| = \Delta_插 \\[3mm] \left| \sqrt{(X_D - X_N)^2 + (Y_D - Y_N)^2} - \sqrt{(X_C - X_N)^2 + (Y_C - Y_N)^2} \right| = \Delta_插 \end{cases} \quad (2.7)$$

式中的 A,B,C,D 的 Y 坐标值分别由以下公式求出

$$Y_A = f(X_A), \quad Y_B = f(X_B)$$
$$Y_C = f(X_C), \quad Y_D = f(X_D)$$

再代入式(2.6)和式(2.7),用迭代法可求出 B,C,D 三点坐标值。

③求圆心 M,N 坐标值和 R_M,R_N 值。将 B,C,D 坐标值,代入式(2.4)和式(2.5)即求出圆心 M 和 N 的坐标值,并由此求出 R_M 和 R_N 值。

应该指出的是,在曲线有拐点和凸点时,应将拐点和凸点作为一个计算单元(每一计算单元为 4 个点)的分割点。

2.5 自动编程简介

编制零件数控加工程序的效率和准确程度是数控机床加工的关键。因此,应用计算机自动编程是数控技术的重要环节之一。

2.5.1 自动编程的基本原理

自动编程就是用计算机代替手工编程,绝大部分工作由计算机完成,人工只需用规定的数控语言编写零件源程序,计算机自动地改写为数控装置能够读取和执行的程序的过程将其输入给计算机,就是自动编程。计算机自动编程系统的一般处理过程如图 2.14 所示。

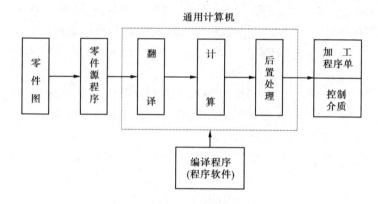

图 2.14 自动编程流程图

零件的源程序是编程员根据被加工零件的几何图形和工艺要求,用数控专用语言而编写的计算机输入程序。它是生成零件加工程序的根源,故称为零件源程序。它包含零件加工的形状、尺寸、刀具动作、切削条件、机床的辅助功能等。

编译程序是把输入计算机中的零件源程序翻译成为等价的目标程序的程序,编译程序也称为系统处理程序,是自动编程系统的核心部分。编译程序是根据数控语言的要求,结合生产对象和具体的计算机,由专家应用汇编语言或高级语言编好的一套庞大的程序系统。在编译程序的支持下,计算机就能对零件源程序进行如下的处理:

①翻译阶段。识别语言,并理解其含义。

②计算阶段。经过几何处理、工艺处理和走刀轨迹的处理,即进行复杂数值计算和逻辑运算,便生成一系列的刀位数据。此阶段通常称为前置处理或信息处理,它是进行通用化处理,不考虑使用什么数控机床。

③后置处理阶段。后置处理进行专用化处理,它是将刀位数据、走刀运动的坐标值、工艺参数转换为特定的数控机床的程序。例如,把计算结果圆整到机床控制系统要求的数据位数;把程序段整理成规定的程序段格式;核对计算数据是否超出数控系统的容量;根据机床能力选择合理的切削用量等。

最后,根据需要打印出程序清单或制作成控制介质或直接将加工程序通过通信方式传送到数控机床。

由此可知,要实现自动编程,数控语言、编译程序、通用计算机三者缺一不可。对一般用户来说,关键是学习和掌握数控语言,正确地编出零件源程序。

2.5.2 自动编程的数控语言

数控编程语言是一种用来描述工件、刀具几何形状和刀具相对于工件运动的一种特定的符号。数控语言是公开的,但是用计算机处理零件源程序的系统程序(编译程序)多数是不公开的。这个程序系统是由研制单位加到计算机内或是由使用者制订后加到计算机内的。

具有代表性的数控语言有美国的 APT 系统(Automatically programmed Tools System)。APT 自动编程系统发展得最早,功能最强,具有代表性、通用性,国际上广泛使用。其他自动编程系统大多都是在它的基础上发展起来的。APT 自动编程系统由 APT 零件源程序和 APT 系统程序(主信息处理程序和后置处理程序等)组成的。自动编程时,程序员要做的工作只是写出零件源程序,其他工作由计算机完成,零件源程序是根据使用的数控语言(例如 APT,EXAPT…)所指定的方式写出来的。另外,还有德国的 EXAPT、日本的 FAPT、我国研制的 ZCK 和 SKC 等自动编程系统,它们都是源于 APT。

APT 是词汇式语言。用它编出的零件源程序直观、明了,但程序较长,计算机处理复杂。APT 系统的特点是:可靠性高,通用性好,能描述数学公式,容易掌握,制备控制介质快;其缺点是:系统大而全,为用户使用带来不便。

FAPT 数控语言等是属于符号式语言,用它编出的零件源程序较短,系统较简单,针对性也强。

用 APT 数控语言描述零件源程序主要有 3 种语句构成:

定义语句:是表达图形的语句,它规定了点、线、圆等几何图形的表达方式。

切削语句:是指定刀具的轨迹和动作顺序的语句。

控制语句:是变更执行切削语句的顺序和改变定义语句作用的语句。用它可编制循环程序和子程序等,进行 2 轴和 3 轴联动切削加工。

2.5.3 APT 数控语言源程序

用 APT 数控语言编写零件源程序具体包括下面一些内容:

(1)确定坐标系

在加工范围的适当位置按右手定则确定直角坐标系。选定坐标系有不同的方法,但一般应尽可能选择不需计算就能直接利用图纸上标注的数值的坐标系,这样会使编写零件源程序变得简单。

(2)初始语句

该语句是给零件源程序做标题用的语句。

(3)图形定义语句(定义语句)

定义语句用来定义点、线和面等几何学要素并赋名。定义语句的一般形式是:

符号=几何要素种类/几何要素的信息。APT 中能够定义的几何要素有点、线、平面、圆柱、锥体、球、二次曲面等,极为丰富。各个几何要素又可以用各种方式定义。下面以图 2.15 为例说明图形定义语句。

P0 = POINT/0,0

P1 = POINT/ − 3,18

P2 = POINT/1 0, − 5

C1 = CIRCLE/CENTER,P1,RADIUS,8

C2 = CIRCLE/CENTER,P2,P0

L1 = LINE/P1,P2

P3 = POINT/YSMALL,INTOF,L1,C1

L2 = LINE/P3,LEFT,TANTO,C2

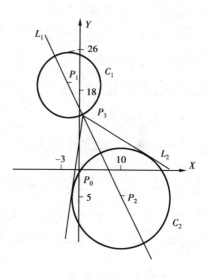

图 2.15　APT 的图形定义

上述语句中 POINT(点)、CIRCLE(圆)、RADIUS(半径)、CENTER(圆心)、LINE(线)、YSMALL(Y 小)、INTOF(相交)、LEFT(左)、TANTO(相切)等均为 APT 语句的词汇。P_0,P_1,P_2 各点均以坐标 X,Y 定义、圆 C_1 以圆心 P_1 和半径 8 定义。圆 C_2 以圆心 P_2 并通过 P_0 点的圆定义。直线 L_1 通过 P_1 和 P_2 点。P_3 点是直线 L_1 和圆 C_1 的两个交点中,位于 Y 坐标值偏小的一点,L_2 直线的定义:通过 P_3 点,左切(由 P_3 点向圆 C_2 看左面那条切线)C_2 的一条直线。APT 语言定义语句很多,详见参考文献。

(4)刀具形状的描述

指定实际使用的刀具形状,这是计算刀具端点坐标所必需的。

(5)容许误差的指定

在 APT 系统中,刀具的曲线运动用直线逼近,所以要指定其近似的容许误差的大小。容许误差值越小,越接近理论曲线,但是,计算机运算所需的时间也就随之增加。所以选定合适的容许误差是很重要的。

(6)刀具起始位置(起刀点)的指定

在运动语句之前,要根据工件毛坯形状、工夹具情况,指定刀具的起始位置。

(7)初始(起动)运动语句

刀具沿控制面移动之前,先要指定刀具向控制面移动,直到容许误差范围内为止。此语句还规定了下一个运动的控制面。

（8）运动语句

为了加工出所要求的工件形状，需要使刀具沿导动面和零件面移动并在停止面停止的语句，这个语句可以依次重复进行。

（9）与机床有关的指令语句

这类语句有：根据指定使用的机床和数控装置，调出有关后置处理程序用的指令语句和主轴旋转的启停、进给速度的转换、冷却液的开关等指令语句。

（10）其他语句

用来打印数据的指令语句、与计算机处理无关的注释语句等。

（11）结束语句

零件源程序全部写完时，最后一行一定要写上结束语句。

2.5.4　自动编程系统软件的总体结构

自动编程系统软件包括数控语言及系统程序（编译程序）。计算机数控自动编程系统程序总体结构框图见图2.16，它由前置处理程序和后置处理程序组成。

（1）前置处理程序

图2.16虚线上方为前置处理程序部分。首先是读入源程序进行编译，经过词法、语法分析，如果发现源程序语句有错误，给出错误信息及时修改，得到正确的语句，然后进入计算阶段，通过相应的各平面轮廓及空间曲面等各几何处理模块，进行数学处理，得到加工零件各几何元素之间的基点、节点坐标和零件加工的走刀轨迹，形成刀位数据文件（CLD）。

（2）后置处理程序

对于数控自动编程系统，应尽可能多地适用各种数控系统，应具有数量较多的后置处理程序。国际上广泛应用的APT语言，拥有1 000多个后置处理程序。后置处理程序是专用的，而前置处理程序是通用的。

后置处理程序，采用模块化的程序设计方法。它由输入与控制模块、运动模块、辅助功能模块、输出模块及一些函数所组成。

1）输入及控制模块

该模块的作用是将前置处理阶段计算得到的并已存入数据文件中的刀位数据及辅助功能信息，输入到后置处理程序中。

2）运动模块

运动模块包括G代码的判断处理模块，直线插补处理模块及圆弧插补处理模块。

3）辅助功能模块

该模块的作用主要判断和处理辅助功能代码及F,S,T指令。

4）输出模块

系统提供多种输出方式,可在显示屏幕上显示零件加工程序,打印程序清单,直接输出程序到数控系统。

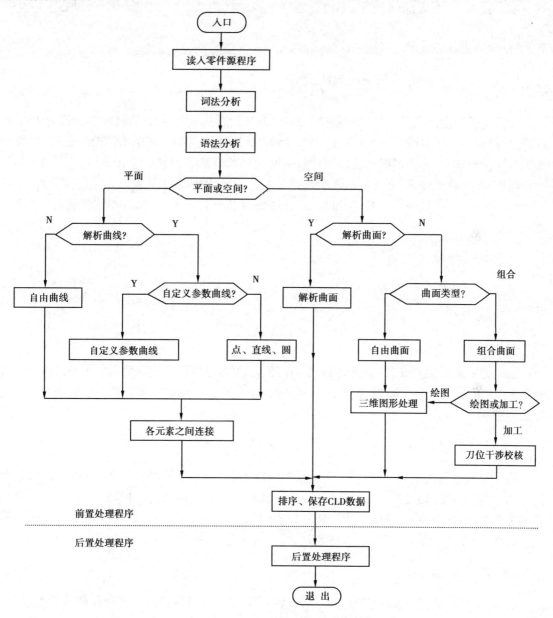

图 2.16 自动编程系统程序总体框图

2.6   CAD/CAM软件及数控加工程序的自动生成

2.6.1   CAD/CAM软件Mastercam简介

计算机辅助设计与计算机辅助制造(CAD/CAM)软件,对于目前的机械产品设计及生产过程,已经是一个不可缺少的工具。使用CAD/CAM软件来从事几何图形的设计及数控(NC)加工程序的制作,可提供即时的设计变化及生产所要的结果。对整个生产来讲,可节省时间、减少错误发生、降低成本、增加生产效率及提高生产质量,因而可大大提高企业的竞争力。

Mastercam系统是一个集CAD与CAM一体的套装软件。Mastercam功能很强,其主要功能如下:

(1)造型功能

可以用来绘制二维、三维图形,绘制高阶曲线和复杂曲面,还可以进行尺寸标注、动态旋转、图形阴影处理。

(2)加工功能

加工方式由2轴至5轴,分外轮廓、挖槽、钻孔、单一曲面、多重曲面、杂项及五轴加工几项,加工中可以设定起始角度、旋转中心及起始补正距离。以切削方向公差及最大角度增量控制表面精度。

(3)仿真模拟

可模拟实际切削过程,通过设定毛坯及刀具的形状、大小及不同的颜色,可以观察到实际的切削过程,系统同时给出有关加工情况:去除材料量及加工时间等,并检测出加工中可能出现的碰撞、干涉并报告错误在刀具路经文件中的位置。模拟完成后,即可测量零件的表面精度。这样,可以省去试切的过程,节约时间,降低材料消耗,提高效率。

(4)数据接口

有3D ASCII文件直接接收能力;可与CADKEY系统直接沟通而不需要任何软件处理;可以转换IGES文件、DXF等格式的文件。

不管多复杂的零件,均可由CAD/CAM软件Mastercam完成设计到产生NC(数控)加工程序,以及将加工程序传送到数控机床或加工中心上进行加工的全过程。

Mastercam能与其他多种工作站及PC级软件搭配,而众多的后处理程序,如车床、多轴铣床、线切割、CNC冲床、火焰切削、Laser加工、水刀、电子束加工(EB)及CNC雕刻等,均可借此CAM系统而达到要求。

Mastercam软件系统流程图如图2.17所示。

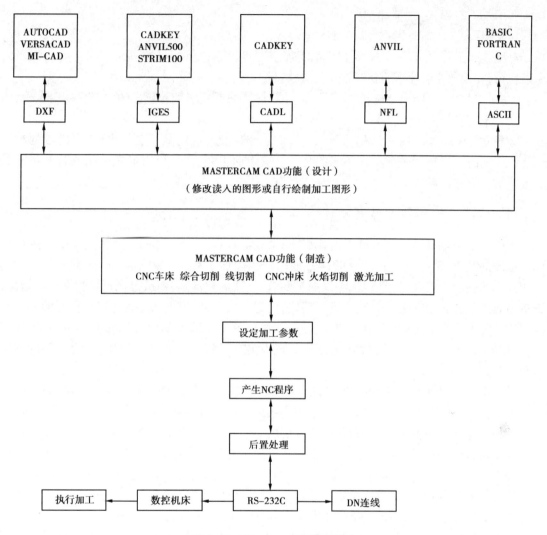

图 2.17 Mastercam 系统流程图

在这个系统中,零件图的来源有多种方法,可以用 Mastercam 绘制,也可以用 Mastercam 的数据接口从其他 CAD 系统中获取,还可以利用高级语言编程输出。零件图完成后,就可以利用 Mastercam 软件提供的 CAM 功能,设置刀具路径和加工参数,即可生成零件加工所需的 NC 代码;然后,按照一定的步骤操作,可将产生的 NC 代码传送到中高档数控机床或加工中心上进行加工;如果经过必要的后置处理,也可与经济型的数控机床连接进行加工。

2.6.2 数控加工程序的自动生成

Mastercam 的界面内容非常丰富,MAIN MENU(主菜单)里包括 Analyze(分析菜单)、Creat(绘图菜单)、File(文件菜单)、Modify(修改菜单)、Xform(转换菜单)、Delete(删除菜单)、Screen(屏幕菜单)、Toolpath(刀具路径菜单)、NC utils(公共管理)等内容。每个分菜单里又有多个选择,详细内容见参考文献《Mastercam 软件使用说明》。

在实际使用 Mastecam 软件时,有以下几点需要注意。

（1）建立加工模型

对编制加工程序来讲，只需要建立加工模型即可，也就是说，只要画出能确定刀具轨迹的轮廓就行，无须绘制整个零件图。具体要求如下：

①应根据零件实际尺寸画出加工模型，才能保证根据此模型计算出的轨迹坐标值正确，但加工尺寸不需要标注。

②建立加工模型时应充分利用"层（LEVEL）"的功能，特别是复杂的零件，可以根据加工顺序或不同的刀具把轮廓建立在不同的层上。编制加工轨迹时，可以通过关闭或打开不同的层方便地选择加工轮廓。

（2）确定工艺参数和刀具轨迹

零件加工模型建立好后，可以利用 Toolpath 菜单提供的 Contour（轮廓）、Drill（钻孔）、Pocket（铣内腔）、3D Toolpath（三维刀路）等功能编制加工程序。编制时，必须首先了解所用机床控制系统的功能及指令格式、零件加工要求、刀具参数、切削用量等；然后，根据具体情况，链接刀具路径并设置有关参数建立走刀路线；设置完成后，单击 Done，系统将设置好的刀具路径写进 NCI 文件（刀位文件），然后返回刀具路径菜单。如果要链接其他的刀具路径，操作同前；否则，单击 End Program 进行后置处理，即可生成 NC 代码。在此过程中，需要设置的几个重要参数如下：

①链接方向（Chaining）：链接刀具路径时，链接方向的确定有一定的技巧。Mastercam 软件根据你选择的是开放链还是封闭链，采用不同的方法计算链接方向。如果你选择了开放链，链的开始点是在离你的选择点最近的端点，链的方向指向与它相对的另一个端点。如果你选择了封闭链，链的方向根据你在链接选项对话框选择的参数决定。封闭链的方向有两种：顺时针（Clockwise）和逆时针（Counterclockwise），这两种链接方式都不考虑选择点的位置。

②刀具补偿（Cutter Compensation）：刀具补偿提供补偿铣刀刀尖半径的功能。有两种刀具补偿方式：计算机补偿（In Computer）和控制器补偿（In Control）。

所谓计算机补偿是指补偿值直接由计算机系统计算完成，所以产生的刀具路径是有补偿的刀具路径。

使用计算机内刀具补偿的好处是可以让你在写刀具路径和模拟显示时能够观察刀具补偿。计算机内刀具补偿也决定了你编程多次精加工的补偿方向。如果该参数设置为关闭，系统将根据刀具补偿（控制器内参数）决定补偿方向。出现这种情况是因为系统不知道补偿方向，所有的粗加工和精加工将重叠。为了避免发生这种情况，应该设置刀具补偿为左或右，并且设置刀具半径为0。

所谓控制器补偿，指系统在 NC 程序中出现一个补偿方向和号码（如 G41 D8），但系统所产生的刀具路径并不补偿，而是直接由机床操作者在 CNC 机器上用控制器做刀具补偿值计算。

使用控制器内补偿的好处是它在 NC 程序中输出 G 代码，允许机床操作者在 CNC 控制器上用补偿号定义刀具刀尖半径值。这样，如果改变了刀具，只需要在 CNC 控制器上重新定义刀具刀尖半径值即可，而不必重新编程。

③加工余量（Stock to leave）：在该对话框中输入的值将决定给精加工留多少毛坯余量。

此数值和刀具补偿(计算机内左补偿或右补偿)有关,以便认可毛坯余量对话框中的输入值。当你输入一个正数,系统根据刀具补偿(计算机内参数)设定的方向偏移铣刀。此对话框中不能输入负数,如果你输入负数,将会显示错误信息。如果刀具补偿(计算机内参数)设置为关闭,该值将被忽略。因为计算机不知道从哪个方向切除毛坯(左或者右)。刀具补偿(控制器内参数)对该参数没有影响。

④刀具平面(Tool Plane)和刀具原点(Tool Origin):刀具平面的定义是指 CNC 机器坐标系的 XY 平面。其设定的方式有垂直于绘图平面、平行于绘图平面等,实际使用时应根据具体情况确定。

刀具原点指产生刀具路径时的原点。要设定刀具原点时,从第二菜单区中选 TPlane(刀具平面),接着按 ALT + O 键,系统将出现键入点的 9 种指令方式,此时,你可以键入点的坐标值或者用鼠标选择一个点。当输入(0,0,0)时,即表示将刀具原点恢复成系统原点。

⑤深度分层切削(Depth Cuts):该参数的设定被用于除了钻削以外的其他所有方式的切削加工,粗铣和精铣的铣削次数可以被任意设定(如粗铣 1 次,精铣 3 次;粗铣 3 次,精铣 2 次)。当所有铣削的次数总和等于 1 时,铣削量的大小将被忽略不用。

铣削量的计算顺序是由下而上的,如下表所示:

1	最后一次的铣量	铣削深度	最后深度
2	最后第二次的精铣	铣削深度	最后深度 + 精铣量
3	上一次的精铣	铣削深度	前一次的精铣的精铣量
	最后一次的粗铣	铣削深度	第一次的精铣前的精铣量
4	最后第二次的粗铣	铣削深度	最后一次的精铣 + 粗铣量
5	上一次的粗铣	铣削深度	前一次的粗铣的粗铣量

使用 Mastercam 软件,具有零件的数控加工程序的自动生成功能。具体步骤如下:

①绘制零件图。使用 Mastercam 软件的绘图功能,绘制零件图。也可以使用 AutoCAD 等软件绘制,然后转换。

②链接刀具路径(Toolpath)。

③设置工艺参数。

④生成 NC 代码。

⑤模拟加工。

⑥后置处理。对生成的通用数控加工程序进行后置处理,即可产生特定的数控机床专用的加工程序。

下面以两个典型零件(如图 2.18 和图 2.19)为例,说明利用 Master CAM 软件自动生成数控加工程序的过程。

1)绘制零件图

使用 Master CAM 软件的绘图功能,绘制零件图。具体过程在此从略。见图 2.18 和图2.19。

2)链接刀具路径

刀具路径如图 2.21 和图 2.22 所示。

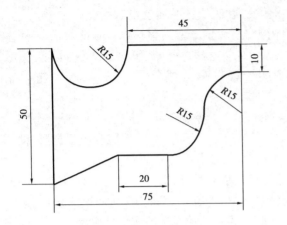

图 2.18 铣削外轮廓零件图

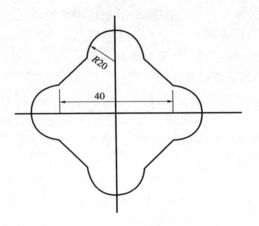

图 2.19 铣槽零件图

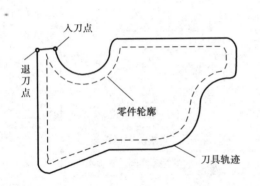

图 2.20 图 2.18 的刀具路径图

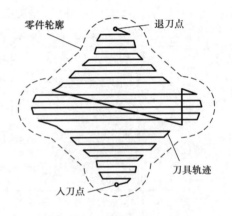

图 2.21 图 2.19 的刀具路径图

①图 2.18 参数设置如下：

轮廓深度： -5 mm

刀具直径：8 mm

刀具补偿：计算机补偿（左）

刀具平面：俯视图

切削速度：150 mm/min

粗、精加工：精加工

②图 2.19 参数设置如下：

槽深度： -5 mm

刀具直径：8 mm

刀具补偿：计算机补偿

刀具平面：俯视图

切削速度：150 mm/min

粗、精加工：精加工

3) 模拟加工

通过模拟加工可一目了然检查出走刀轨迹是否正确。

4）NC 代码处理

本加工程序针对 XKJ5025 经济型数控铣床要求处理。利用开发的 CAD/CAM 一体化后置处理软件对生成的 NC 代码进行处理后的数控加工代码如下。

①图 2.18 铣削外轮廓零件数控代码如下：

N100 G92 X0 Y0 Z0

N102 G00 G40 G49 G17 G90 T8.0000

N104 G00 Z30

……

N138 G00 Z30

N140 M05

N142 M02

总共有 21 行程序。

②图 2.19 铣槽零件数控代码如下：

N100 G92 X0 Y0 Z0

N102 G00 G40 G49 G17 G90 T8.0000

N104 G00 Z10

……

N276 G00 Z10

N278 M05

N280 M02

总共有 90 行程序。

以上所产生的数控加工程序，可以直接传送到 XKJ5025 经济型数控铣床上进行加工，加工出的零件完全满足技术要求。

习题二

2.1　试述数控机床手工编程的内容和方法。

2.2　数控带的标准代码主要有几种？各有什么区别？

2.3　解释名词：对刀点、工件零点、机械原点、程序原点、参考点。

2.4　什么是坐标系设定？它的程序格式及其含义是怎样的？

2.5　G90 时的 X100,Y200 与 G91 时的 X100,Y200 有何区别？

2.6　试说明判定圆弧顺、逆的原则是什么？圆心坐标的表示方法是怎样的？

2.7　试举例说明绝对值编程和增量值编程的区别。

2.8　如图 2.22 所示的零件，试编制零件的数控车床加工程序。

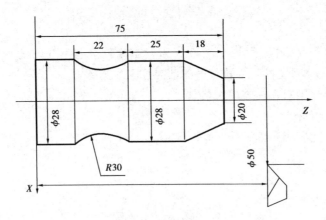

图 2.22　编程零件图

2.9　如图 2.23 所示的零件,试编制零件的数控铣床轮廓加工程序。孔不加工,主轴速度 $S = 600$ mm/min,进给速度 $F = 60$ mm/min,刀具直径 $\phi = 20$ mm,$D_{01} = 10$ mm,零件厚度为 10 mm。

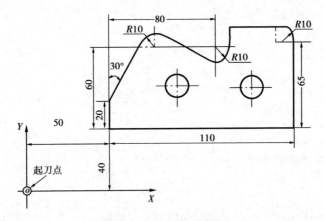

图 2.23　编程零件图

2.10　试说明刀具半径自动补偿和长度补偿的作用及其应用场合。

2.11　何谓自动编程系统? 它用于什么场合?

2.12　何谓后置处理程序? 并简述其主要内容。

2.13　用数控语言编写的零件源程序与手工编程编制的零件加工程序单有什么本质上的区别?

2.14　写出利用 Mastercam 软件从绘图到生成 NC 代码文件的流程。

3

数控插补原理

3.1 概　述

3.1.1 插补的基本概念

在数控设备中,刀具的最小移动单位是一个脉冲当量。刀具的移动轨迹是折线,而不是光滑的曲线。即刀具不能严格地沿着所要求的曲线运动,只能用折线轨迹逼近所要求的运动轨迹曲线。数控系统依照一定的方法确定刀具实时运动轨迹的过程称作插补。

数控系统中完成插补工作的装置称为插补器。根据插补器的结构,可把它分成硬件插补器与软件插补器两类。硬件插补器利用数字电路组成,它的结构复杂,而运算速度快。软件插补是利用程序进行插补,它的结构简单,灵活易变,但插补的速度主要受插补程序所用时间和计算机运行速度的限制。

3.1.2 插补方法的分类

插补器的形式很多,从产生的数学模型来分,有一次(直线)插补器、二次(圆、抛物线、双曲线等)插补器、高次曲线插补器等。从插补器的基本原理来分,有以比例乘法为特征的数字脉冲乘法器、以步进比较为特征的逐点比较法插补器、以数字积分法进行运算的数字积分器、以目标点追踪为特征的单步追踪法插补器、以矢量运算为基础的矢量判别插补器等。从插补的计算方法来分,主要分为脉冲增量插补和数据采样插补。

(1)脉冲增量插补

这类插补的特点是每次插补结束只产生一个行程增量,以一个个脉冲的方式输出给伺服电机,适用于以步进电机为驱动电机的开环数控系统。这类插补的实现方法较简单,通常只用加法和移位即可完成插补,故其易用硬件实现,而且运算速度较快。也有用软件完成这类算法的,主要用于一些中等精度或中等速度要求的数控系统。较为成熟并得到广泛应用的逐点比较法和数字积分法都属于脉冲增量插补。

(2)数据采样插补

随着计算机技术和伺服技术的发展,以直流伺服电机为驱动电机的闭环、半闭环系统成为数控系统的主流。在这种数控系统中,一般都采用数据采样插补算法。这种插补算法一般由两部分组成:一部分是精插补,由硬件实现;另一部分是粗插补,由软件实现。用软件粗插补计算出一定时间内加工动点应该移动的距离,送到硬件插补器内,再经硬件精插补,控制电机驱动运动部件,达到预定的要求。

3.2 逐点比较法

3.2.1 概 述

逐点比较法又称代数演算法,是经济型数控系统应用较多的一种插补算法。它能实现直线插补、圆弧插补和非圆二次曲线插补。

逐点比较法就是每走一步都要将工作点的瞬时坐标与规定的运动轨迹进行比较,判断一下偏差,根据偏差,确定下一步进给方向,这样,就能得出一个非常接近于规定运动轨迹的图形,且最大偏差不超过一个脉冲当量。

逐点比较法插补前,先要根据规定的运动轨迹曲线形状构造一个偏差函数 $F = F(X,Y)$,式中:X,Y 是动点 m 的坐标。分别以 $F(X,Y) > 0, F(X,Y) = 0, F(X,Y) < 0$ 表示动点的位置。

在逐点比较法中,每进一步都需要 4 个节拍,即:

①偏差判别 判别偏差函数的正、负,以确定工作点相对于规定曲线的位置。

②坐标进给 根据偏差情况,控制 X 坐标或 Y 坐标进给一步,使工作点向规定的曲线靠拢。

③偏差计算 进给一步后,计算工作点与规定曲线的新偏差,作为下一步偏差判别的依据。

④终点判断 判断终点是否到达,如果未到终点,继续插补;如果已到终点,就停止插补。

3.2.2 逐点比较法直线插补

(1)原理

1)偏差判别

偏差函数构成是逐点比较法关键的一步。下面以第一象限直线为例,导出偏差函数。

如图 3.1 所示,设直线 OE 的起点为坐标原点,终点 E 的坐标为 X_e,Y_e,动点 $M(X_i,Y_i)$ 为工作点。若 M 在 OE 直线上,则 $Y_i/X_i = Y_e/X_e$,即 $X_eY_i - X_iY_e = 0$。若 M 在 OE 直线上方(OE 直线与 Y 坐标轴所成夹角区域内),则 $X_eY_i - X_iY_e > 0$;若 M 在 OE 直线下方(OE 直线与 X 坐标轴所成夹角区域内),则 $X_eY_i - X_iY_e < 0$,因此可取偏差函数为:

$$F_i = X_eY_i - X_iY_e \tag{3.1}$$

若 $F_i = 0$,表明 M 在直线上;若 $F_i > 0$,表明 M 在直线上方;若 $F_i < 0$,表明 M 在直线下方。

2)坐标进给

对于第一象限的直线,从起点(坐标原点)出发到达终点 E,其坐标进给的方向为 $+X$,$+Y$。当 $F > 0$ 时,沿 $+X$ 方向走一步;当 $F < 0$ 时,沿 $+Y$ 方向走一步,以缩小偏差;对于 $F = 0$,由于向哪个方向走都会增大偏差,然而若未到终点,还须继续插补,故须规定一个方向继续走。通常规定与 $F > 0$ 为同一方向。

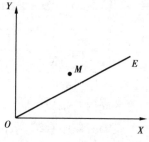

图 3.1 直线插补原理

3)偏差计算

若直接按式(3.1)偏差函数计算偏差,既要做乘法,又要做减法,比较麻烦。通常采用递推算法,其偏差计算公式推导如下:

当 $F \geq 0$ 时,沿 $+X$ 方向走一步,新的偏差为

$$F_{i+1} = X_eY_i - (X_i + 1)Y_e = F_i - Y_e \tag{3.2}$$

若 $F < 0$ 时,沿 $+Y$ 方向走一步,新的偏差为

$$F_{i+1} = X_e(Y_i + 1) - X_iY_e = F_i + X_e \tag{3.3}$$

偏差函数的递推计算公式(3.2)、式(3.3)与式(3.1)相比,只用加减法,不用乘法,计算简便,速度快。递推计算法只用直线的终点坐标,不须计算和保存动点的中间坐标值,使硬件或软件得以简化。

4)终点判断

终点判断通常根据刀具沿 X,Y 轴所走的总步数来判断。总步数 N 为

$$N = |X_e| + |Y_e| \tag{3.4}$$

插补结束的条件为插补步数 $I = N$。

5)其他象限

其他象限直线的偏差递推公式可同理推导。在计算中可以使坐标值带符号,此时,4 个象限的直线插补偏差计算递推公式见表 3.1。也可以使坐标值为绝对值,此时偏差计算递推公式见表 3.2。

表 3.1 直线插补偏差计算公式(坐标值带符号)

象　限	坐标进给		偏差计算	
	$F \geq 0$	$F < 0$	$F \geq 0$	$F < 0$
Ⅰ	$+X$	$+Y$	$F_{i+1} = F_i - Y_e$	$F_{i+1} = F_i + X_e$
Ⅱ	$-X$	$+Y$	$F_{i+1} = F_i - Y_e$	$F_{i+1} = F_i - X_e$
Ⅲ	$-X$	$-Y$	$F_{i+1} = F_i + Y_e$	$F_{i+1} = F_i - X_e$
Ⅳ	$+X$	$-Y$	$F_{i+1} = F_i + Y_e$	$F_{i+1} = F_i + X_e$

表 3.2 直线插补偏差计算公式(坐标值为绝对值)

象 限	坐标进给		偏差计算	
	$F \geq 0$	$F < 0$	$F \geq 0$	$F < 0$
I	$+X$	$+Y$		
II	$-X$	$+Y$	$F_{i+1} = F_i - Y_e$	$F_{i+1} = F_i + X_e$
III	$-X$	$-Y$		
IV	$+X$	$-Y$		

下面举一例说明插补过程。

设第一象限直线 OE,起点为坐标原点,终点坐标为:$X_e = 5$,$Y_e = 3$。其插补总步数 $N = 5 + 3 = 8$。其插补计算过程如表 3.3 所示,插补轨迹如图 3.2 所示。

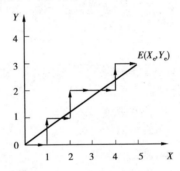

图 3.2 直线插补例

表 3.3 直线插补计算

序 号	偏差判别	坐标进给	偏差计算
1	$F_0 = 0$	$+X$	$F_1 = F_0 - Y_e = 0 - 3 = -3$
2	$F_1 < 0$	$+Y$	$F_2 = F_1 + X_e = -3 + 5 = 2$
3	$F_2 > 0$	$+X$	$F_3 = F_2 - Y_e = 2 - 3 = -1$
4	$F_3 < 0$	$+Y$	$F_4 = F_3 + X_e = -1 + 5 = 4$
5	$F_4 > 0$	$+X$	$F_5 = F_4 - Y_e = 4 - 3 = 1$
6	$F_5 > 0$	$+X$	$F_6 = F_5 - Y_e = 1 - 3 = -2$
7	$F_6 < 0$	$+Y$	$F_7 = F_6 + X_e = -2 + 5 = 3$
8	$F_7 > 0$	$+X$	$F_8 = F_7 - Y_e = 3 - 3 = 0$

(2)软件框图

逐点比较法直线插补流程图如图 3.3 所示。

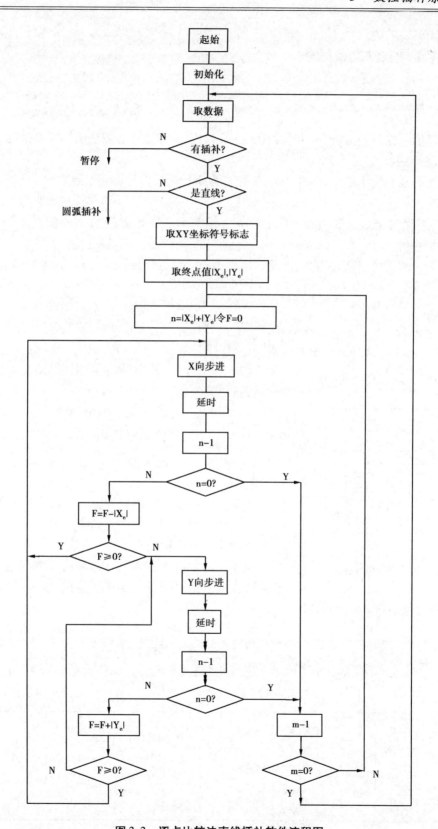

图3.3 逐点比较法直线插补软件流程图

3.2.3　逐点比较法圆弧插补

（1）原理

下面以第一象限逆圆（插补方向为逆时针）为例，介绍逐点比较法圆弧插补法的原理。

1）偏差判别

设圆弧的圆心位于原点，半径为 R，工作点为 $M(X_i, Y_i)$，可将偏差函数记为

$$F = X_i^2 + Y_i^2 - R^2 \tag{3.5}$$

$F = 0$，表明 M 点在圆弧上；$F > 0$，表明 M 点在圆外；$F < 0$，表明 M 点在圆内。

2）坐标进给

对于第一象限的逆圆，从起点出发到达终点，其坐标进给的方向为 $-X$，$+Y$。当 $F \geq 0$ 时，应向 $-X$ 方向走一步；当 $F < 0$ 时，应向 $+Y$ 方向走一步。

3）偏差计算

当 $F_i \geq 0$，沿 $-X$ 方向走一步后，此时 $X_{i+1} = X_i - 1$，$Y_{i+1} = Y_i$，新的偏差应为

$$F_{i+1} = (X_i - 1)^2 + Y_i^2 - R^2 = X_i^2 - 2X_i + 1 + Y_i^2 - R^2 = F_i - 2X_i + 1 \tag{3.6}$$

当 $F_i < 0$，沿 $+Y$ 方向走一步后，$X_{i+1} = X_i$，$Y_{i+1} = Y_i + 1$，新的偏差为

$$F_{i+1} = X_i^2 + (Y_i + 1)^2 - R^2 =$$
$$X_i^2 + Y_i^2 + 2Y_i + 1 - R^2 =$$
$$F_i + 2Y_i + 1 \tag{3.7}$$

4）终点判断

若起点为 (X_s, Y_s)，终点为 (X_e, Y_e)，插补的总步数

$$N = |X_e - X_s| + |Y_e - Y_s| \tag{3.8}$$

下面举一例说明插补过程。

设第一象限有一逆圆弧 AB，起点 A 的坐标为 $X_s = 6$，$Y_s = 0$；终点 B 的坐标为 $X_e = 0$，$Y_e = 6$。插补计算如表 3.4 所示，插补轨迹如图 3.4 所示。

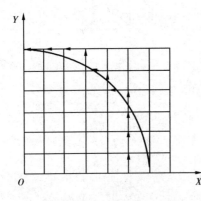

图 3.4　圆弧插补轨迹

表 3.4　圆弧插补计算

序　号	偏差判别	坐标进给	偏差及坐标计算		终点判别
			偏差计算	坐标计算	
1	$F_0 = 0$	$-X$	$F_1 = 0 - 12 + 1 = -11$	$X_1 = 6 - 1 = 5$ $Y_1 = 0$	$N = 12 - 1 = 11$
2	$F_1 < 0$	$+Y$	$F_2 = -11 + 1 = -10$	$X_2 = 5$ $Y_2 = 0 + 1 = 1$	$N = 11 - 1 = 10$
3	$F_2 < 0$	$+Y$	$F_3 = -10 + 2 + 1 = -7$	$X_3 = 5$ $Y_3 = 1 + 1 = 2$	$N = 10 - 1 = 9$
4	$F_3 < 0$	$+Y$	$F_4 = -7 + 4 + 1 = -2$	$X_4 = 5$ $Y_4 = 2 + 1 = 3$	$N = 9 - 1 = 8$

序 号	偏差判别	坐标进给	偏差及坐标计算		终点判别
			偏差计算	坐标计算	
5	$F_4 < 0$	$+Y$	$F_5 = -2 + 6 + 1 = 5$	$X_5 = 5$ $Y_5 = 3 + 1 = 4$	$N = 8 - 1 = 7$
6	$F_5 > 0$	$-X$	$F_6 = 5 - 10 + 1 = -4$	$X_6 = 5 - 1 = 4$ $Y_6 = 4$	$N = 7 - 1 = 6$
7	$F_6 < 0$	$+Y$	$F_7 = -4 + 8 + 1 = 5$	$X_7 = 4$ $Y_7 = 4 + 1 = 5$	$N = 6 - 1 = 5$
8	$F_7 > 0$	$-X$	$F_8 = 5 - 8 + 1 = -2$	$X_8 = 4 - 1 = 3$ $Y_8 = 5$	$N = 5 - 1 = 4$
9	$F_8 < 0$	$+Y$	$F_9 = -2 + 10 + 1 = 9$	$X_9 = 3$ $Y_9 = 5 + 1 = 6$	$N = 4 - 1 = 3$
10	$F_9 > 0$	$-X$	$F_{10} = 9 - 6 + 1 = 4$	$X_{10} = 3 - 1 = 2$ $Y_{10} = 6$	$N = 3 - 1 = 2$
11	$F_{10} > 0$	$-X$	$F_{11} = 4 - 4 + 1 = 1$	$X_{11} = 2 - 1 = 1$ $Y_{11} = 6$	$N = 2 - 1 = 1$
12	$F_{11} > 0$	$-X$	$F_{12} = 1 - 2 + 1 = 0$	$X_{12} = 1 - 1 = 0$ $Y_{12} = 6$	$N = 1 - 1 = 0$

5)其他象限顺逆圆进给方向和偏差计算

4 个象限顺逆圆插补进给方向和偏差计算如表3.5 所示。表中的坐标值为绝对值,CC 表示逆圆弧,CW 表示顺圆弧,脚标表示所在象限。

表3.5　圆弧插补进给方向和偏差计算

偏差≥0				偏差<0			
线 型	进给	偏差计算	坐标计算	线 型	进给	偏差计算	坐标计算
$CW_1 CC_2$	$-Y$	$F = F - 2Y_i + 1$	$X = X$ $Y = Y - 1$	$CW_1 CC_4$	$+X$	$F = F + 2X_i + 1$	$X = X + 1$ $Y = Y$
$CW_3 CC_4$	$+Y$			$CW_3 CC_2$	$-X$		
$CW_4 CC_1$	$-X$	$F = F - 2X_i + 1$	$X = X - 1$ $Y = Y$	$CW_2 CC_1$	$+Y$	$F = F + 2Y_i + 1$	$X = X$ $Y = Y + 1$
$CW_2 CC_3$	$+X$			$CW_4 CC_3$	$-Y$		

6)过象限问题

从表3.5 可知,圆弧插补的进给方向和偏差计算与圆弧所在象限和顺、逆时针方向有关。一条圆弧有时可能分布在两个或两个以上象限内。对这种圆弧的过象限问题有两种处理方法:一种是将该圆弧按所在象限分段,然后按各象限的圆弧进行插补。另一种是按整段圆弧编制加工程序,在程序中考虑自动过象限的问题。变换象限的点必定发生在坐标轴上,即有一个坐标值为0,故又称检零切换。因此,在圆弧插补时,每走一步 X 或 Y 时,分别计算 X 及 Y 是否为0。当 $X = 0$ 或 $Y = 0$ 时,就要变换象限了。变换象限后的进给方向要变换,规定:

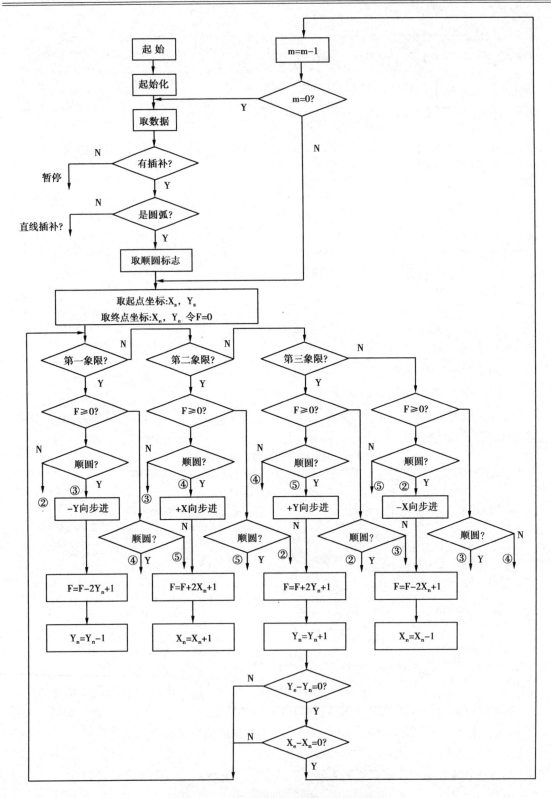

图3.5 逐点比较法圆弧插补软件流程图

顺圆次序为

$$CW_1 \overline{} CW_4 \overline{} CW_3 \overline{} CW_2$$
$$Y = 0\ 换 \qquad X = 0\ 换 \qquad Y = 0\ 换$$

$X = 0$ 换

逆圆次序为

$$CC_1 \overline{} CC_2 \overline{} CC_3 \overline{} CC_4$$
$$X = 0\ 换 \qquad Y = 0\ 换 \qquad X = 0\ 换$$

$Y = 0$ 换

经过检零检查后自动切换象限就不必分段编程了,但应在加工程序的译码程序段,取得所分布象限的进给方向和插补运算公式。

(2)软件框图

逐点比较法圆弧插补流程图如图3.5所示。

3.3 数字积分法

数字积分法又称数字微分分析器,简称 DDA(Digital Differential Analyzer)。它的最大优点是易于实现坐标扩展,每一个坐标是一个模块,几个模块的组合就可以得到多坐标联动系统。因此,DDA 的使用范围较广。

3.3.1 基本原理

从几何概念来看,函数 $y = f(t)$ 求定积分的运算就是求此函数曲线下所包围的面积。按照定积分的定义,即

$$F = \int_b^a Y \mathrm{d}t = \lim \sum Y_i \Delta T \approx \sum Y_i \Delta T \tag{3.9}$$

只要将 ΔT 取得足够小,就可以满足所需要的精度。实现这种近似积分法的数字积分器称为矩形数字积分器。

3.3.2 数字积分法直线插补

(1)插补原理

以平面直线为例。设有一直线 OE,其起点坐标是坐标原点,终点坐标是 X_e,Y_e,直线方程为 $Y = PX$,$P = Y_e/X_e$。引入参变量 K,则有参数方程:

$$X = KX_e T$$
$$Y = KY_e T$$

微分形式为

$$dX = KX_e dt$$
$$dY = KY_e dt$$

写成增量形式

$$\Delta X = KX_e \Delta T$$
$$\Delta Y = KY_e \Delta T$$

可得

$$X = \sum \Delta X_i = \sum KX_e \Delta T = KX_e \sum \Delta T$$

$$Y = \sum \Delta Y_i = \sum KY_e \Delta T = KY_e \sum \Delta T \tag{3.10}$$

若数字积分器中寄存器的容量为二进制 n 位,令 $K = 1/2^n$,代入式(3.10)得

$$X = X_e/2^n \sum \Delta T$$

$$Y = Y_e/2^n \sum \Delta T \tag{3.11}$$

当 $\Delta T = 1$ 时,经过 2^n 次迭代之后,可得

$$X = X_e/2^n \times 2^n = X_e$$
$$Y = Y_e/2^n \times 2^n = Y_e$$

即 X, Y 坐标均达到终点。

(2)插补器框图

DDA 直线插补器的结构如图 3.6 所示。

图中,终点坐标值 X_e, Y_e 分别存入 X, Y 积分器的被积函数寄存器中。在直线插补过程中,被积函数寄存器中的数值保持不变。X, Y 积分器的余数寄存器 $\sum X_i, \sum Y_i$ 初值为 0,每来一个积分指令 ΔT,迭代一次。当余数寄存器超过该寄存器的容量时,就会在最高位产生进位(溢出),即输出一个进给脉冲。当迭代 2^n 次以后,每个坐标溢出的脉冲数等于该坐标被积函数的数值。

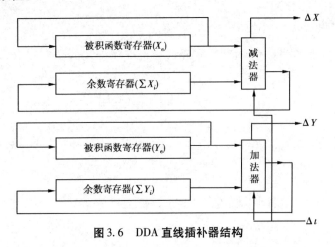

图 3.6　DDA 直线插补器结构

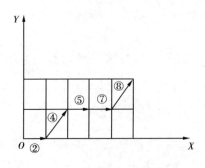

图 3.7　DDA 直线插补进给轨迹

（3）插补实例

设直线 $OE,O(0,0),E(5,2),X_e=5=101B,Y_e=2=010B,N=2^3=8$。用 DDA 算法插补该直线的过程如表 3.6 所示,插补进给轨迹见图 3.7。

表 3.6 DDA 直线插补运算过程表

$X_e=101B,Y_e=010B$

ΔT	$\sum X_i = \sum X_{i-1} + X_e$	ΔX	$\sum Y_i = \sum Y_{i-1} + Y_e$	ΔY
0	000	0	000	0
1	$000+101=101$	0	$000+010=010$	0
2	$101+101=010$	1	$010+010=100$	0
3	$010+101=111$	0	$100+010=110$	0
4	$111+101=100$	1	$110+010=000$	1
5	$100+101=001$	1	$000+010=010$	0
6	$001+101=110$	0	$010+010=100$	0
7	$110+101=011$	1	$100+010=110$	0
8	$011+101=000$	1	$110+010=000$	1

3.3.3 数字积分法圆弧插补

（1）插补原理

设第一象限逆圆弧的圆心在坐标原点,半径为 R,起点为 (X_s,Y_s),终点为 (X_e,Y_e),参数方程为

$$X = R \cos T$$
$$Y = R \sin T$$

微分形式为

$$dX = -R \sin Tdt = -Ydt$$
$$dY = R \cos Tdt = Xdt$$

增量形式为

$$\Delta X = -Y\Delta T$$
$$\Delta Y = X\Delta T$$

可得

$$X = \sum \Delta X_i = \sum -Y_i\Delta T$$
$$Y = \sum \Delta Y_i = \sum X_i\Delta T \tag{3.12}$$

与直线积分器比较,两者的区别是:

①直线插补时为常值累加,而圆弧插补为变量(动点坐标)的累加。

②直线插补时,被积函数寄存器存放常值X_e,Y_e,圆弧插补时则存放变量X_i,Y_i,由于X_i,Y_i是动点的瞬时坐标值,因此它们相应由输出脉冲ΔX,ΔY来修正(正负取决于进给方向)。

(2)插补器框图

DDA圆弧插补器的结构如图3.8所示。

用DDA插补第一象限逆圆,起点为(5,0),终点为(0,5)。插补过程如表3.7所示,插补进给轨迹如图3.9所示。

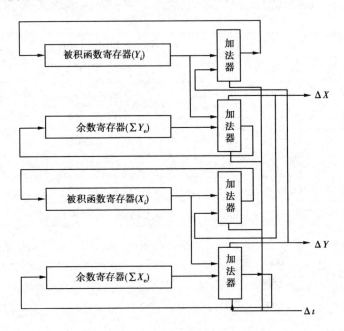

图3.8 DDA圆弧插补器结构

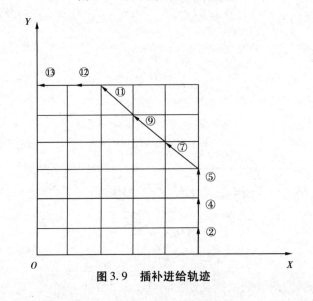

图3.9 插补进给轨迹

表 3.7　DDA 圆弧插补运算过程表

ΔT	Y_i	$\sum Y_i = \sum Y_{i-1} + Y_{i-1}$	ΔX	X_i	$\sum X_i = \sum X_{i-1} + X_{i-1}$	ΔY
0	000	000	0	101	000	0
1	000	000 + 000 = 000	0	101	000 + 101 = 101	0
2	001	000 + 000 = 000	0	101	101 + 101 = 010	1
3	001	000 + 001 = 001	0	101	010 + 101 = 111	0
4	010	001 + 001 = 010	0	101	111 + 101 = 100	1
5	011	010 + 010 = 100	0	101	100 + 101 = 001	1
6	011	100 + 011 = 111	0	101	001 + 101 = 110	0
7	100	111 + 011 = 010	1	100	110 + 101 = 011	1
8	100	010 + 100 = 110	0	100	011 + 100 = 111	0
9	101	110 + 100 = 010	1	011	111 + 100 = 011	1
10	101	010 + 101 = 111	0	011	011 + 011 = 110	0
11	110	111 + 101 = 100	1	010	110 + 011 = 001	1
12	110	100 + 110 = 010	1	001	001 + 010 = 011	0
13	110	010 + 110 = 000	1	000	011 + 001 = 100	0

3.3.4　数字积分法插补进给速度分析和均化

(1)进给速度分析

DDA 插补的特点是每产生一个控制脉冲 ΔT,就做一次积分运算。每次运算中,X 方向进给的平均比率为 $X_e/2^n$,而 Y 方向进给的平均比率为 $Y_e/2^n$,所以合成速度为

$$V = 60\delta f/2^n \times (X^2 + Y^2)^{1/2} = 60\delta fL/2^n \tag{3.13}$$

式中　δ——脉冲当量(mm);

f——插补迭代控制脉冲 ΔT 的频率(Hz);

L——直线插补时为直线长度,即 $L = (X^2 + Y^2)^{1/2}$,圆弧插补时为圆弧半径,即 $L = R$。

式(3.13)表明合成进给速度与 L 成正比。当脉冲当量 δ,迭代控制脉冲的频率 f 和累加器的容量 2^n 一定时,L 大,脉冲溢出快,进给快;L 小,脉冲溢出慢,进给慢。L 的变化在 $1 \sim 2^n$ 之间,V 的变化范围在 $1/2^n \sim 1$ 之间。这种情况在实际加工中是不允许的,在 DDA 硬件插补中,常采用"左移规格化"来稳定进给速度。

(2)用左移规格化均化进给速度

1)DDA 直线插补的左移规格化

直线插补时,在被积函数数据 X_e、Y_e 送入寄存器时,进行左移,直到 X 或 Y 寄存器有一个最高位为 1 时,左移停止,转入插补迭代运算。由于左移,迫使数据段的行程增大到充分利用寄存器容量的程度,使溢出速度基本稳定。左移的同时,为了使溢出的脉冲总数不变,需要相应减少迭代次数。在硬件系统中,常采用使终点计数器右移同样位数的方法来实现。

由于左移规格化的结果,缩小了 L 值的范围。其可能的最小数是

$$X = 2^{n-1}, Y = 0, L_{\min} = X = 2^{n-1}$$

最大数是

$$X = 2^n - 1, Y = 2^n - 1, L_{\max} = 1.414X \approx 1.414 \times 2^n$$

故合成进给速度的最小值为

$$V_{\min} = 60\delta f L_{\min}/2^n = 60\delta f 2^{n-1}/2^n = 0.5 \times 60\delta f$$

最大值为

$$V_{\max} = 60\delta f L_{\max}/2^n = 1.414 \times 60\delta f 2^n/2^n = 1.414 \times 60\delta f$$

比未采用左移规格化时大为稳定。

2)DDA 圆弧插补的左移规格化

圆弧插补时的左移规格化原理同直线插补左移规格化相似,但要注意以下三个问题:

①圆弧插补的左移规格化,是将两个被积函数同时左移,使其中至少有一个寄存器的次高位为 1。这是因为当一个坐标进给,而要修正另一被积函数时,防止在第一次修正被积函数时使其溢出。

②要求被积函数寄存器的容量是最大被积函数的 2 倍,其原因也是因为每次累加溢出时要修正被积函数,防止在修正时被积函数本身产生溢出。

③由前述插补原理可知,当有一个坐标进给时,要修正另一坐标的被积函数。例如,当有 ΔX 时,X_i 加或减 ΔX,此时 ΔX 为 1,经过左移规格化后,ΔX 就不是 1 了。解决的方法是,左移规格化前,先设一个寄存器存放 Δ,并使其预置为 1,在被积函数左移一位的同时,将 Δ 左移一位。在修正被积函数时,不再是加 1 或减 1,而是加 Δ 或减 Δ。

3.3.5　提高 DDA 插补精度的措施

DDA 直线插补的插补误差小于脉冲当量。圆弧插补误差小于或等于两个脉冲当量。其原因是:当在坐标轴附近进行插补时,一个积分器的被积函数值接近于 0,而另一个积分器的被积函数值接近最大值(圆弧半径),这样,后者连续溢出,而前者几乎没有溢出脉冲,两个积分器的溢出脉冲速率相差很大,致使插补轨迹偏离理论曲线。

减少插补误差的方法有:

①减少脉冲当量。减少脉冲当量,加工误差则也变小。但参加运算的数(如被积函数值)变大,寄存器的容量则变大。欲获得同样的进给速度,需提高插补运算速度。

②余数寄存器预置数在 DDA 插补之前,余数寄存器 J_{Rx},J_{Ry} 预置某一数值。通常采用余数寄存器半加载。所谓半加载,就是在 DDA 插补前,给余数寄存器置容量的一半值 2^{n-1}。这样只要再累加 2^{n-1},就可以产生第一个溢出脉冲,改善了溢出脉冲的时间分布,减少插补误差。

3.3.6　多坐标插补

DDA 插补算法的优点是可以实现多坐标直线插补联动。下面介绍实际加工中常用的空间直线插补和螺旋线插补。

（1）空间直线插补

设在空间直角坐标系中有一直线 OE（如图 3.10），起点 $O(0,0,0)$，终点 $E(X_e,Y_e,Z_e)$。假定进给速度 v 是均匀的，V_x,V_y,V_z 分别表示动点在 X,Y,Z 方向上的移动速度，则有

$$\frac{v}{|OE|} = \frac{v_x}{X_e} = \frac{v_y}{Y_e} = \frac{v_z}{Z_e} = k \tag{3.14}$$

式中，k 为比例常数。

动点在时间内的坐标轴位移分量为

$$\begin{cases} \Delta X = v_x \Delta t = kx_e \Delta t \\ \Delta Y = v_y \Delta t = ky_e \Delta t \\ \Delta Z = v_z \Delta t = kz_e \Delta t \end{cases} \tag{3.15}$$

参照平面内的直线插补可知，各坐标轴经过 2^n 次累加后分别到达终点，当 Δt 足够小时，有

$$\begin{cases} X = \sum_{i=1}^{n} kX_e \Delta t = kX_e \sum_{i=1}^{n} \Delta t = knX_e = x_e \\ Y = \sum_{i=1}^{n} kY_e \Delta t = kY_e \sum_{i=1}^{n} \Delta t = knY_e = y_e \\ Z = \sum_{i=1}^{n} kZ_e \Delta t = kZ_e \sum_{i=1}^{n} \Delta t = knZ_e = z_e \end{cases} \tag{3.16}$$

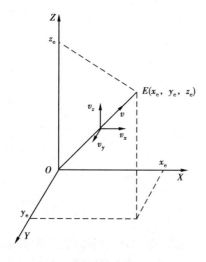

图 3.10 空间直线插补

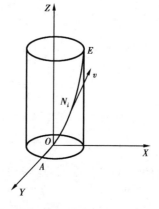

图 3.11 螺旋线插补

与平面内直线插补一样，每来一个 Δt，最多只允许产生一个进给单位的位移增量，故 k 的选取也为 $1/2^n$。

由此可见，空间直线插补，X,Y,Z 单独累加溢出，彼此独立，易于实现。

(2) 螺旋线插补

设有一螺旋线 AE(见图 3.11),其导程为 P,螺旋线圆弧半径为 R,动点 $N_i(X_i, Y_i, Z_i)$ 的运动速度为 v,螺旋升角 $\lambda = \arctan \dfrac{P}{2\pi R}$,则沿三个坐标轴的速度分量为

$$
\begin{cases}
v_x = v \cos \lambda \, \sin \theta_i = \dfrac{v}{\sqrt{R^2 + \left(\dfrac{P}{2\pi}\right)^2}} Y_i = Q Y_i \\[4mm]
v_y = -v \cos \lambda \, \cos \theta_i = \dfrac{-v}{\sqrt{R^2 + \left(\dfrac{P}{2\pi}\right)^2}} X_i = -Q X_i \\[4mm]
v_z = v \sin \lambda = \dfrac{v}{\sqrt{R^2 + \left(\dfrac{P}{2\pi}\right)^2}} \dfrac{P}{2\pi} = Q \dfrac{P}{2\pi}
\end{cases}
\tag{3.17}
$$

其中 $\theta_i = \arctan \dfrac{Y_i}{X_i}$ $\qquad Q = \dfrac{v}{\sqrt{R^2 + \left(\dfrac{P}{2\pi}\right)^2}}$

每来一个 Δt,各坐标位移增量

$$
\begin{cases}
\Delta x = v_x \Delta t = Q Y_i \Delta t \\[2mm]
\Delta y = -v_y \Delta t = -Q X_i \Delta t \\[2mm]
\Delta z = v_z \Delta t = Q \dfrac{P}{2\pi} \Delta t
\end{cases}
\tag{3.18}
$$

若 Δt 足够小,则可得

$$
\begin{cases}
X = \displaystyle\sum_{i=1}^{n} \Delta X = Q \sum_{i=1}^{n} Y_i \Delta t = Q \sum_{i=1}^{n} Y_i \\[4mm]
Y = \displaystyle\sum_{i=1}^{n} \Delta Y = Q \sum_{i=1}^{n} Y_i \Delta t = Q \sum_{i=1}^{n} Y_i \\[4mm]
Z = \displaystyle\sum_{i=1}^{n} \Delta Z = Q \sum_{i=1}^{n} \dfrac{P}{2\pi} \Delta t = Q \sum_{i=1}^{n} \dfrac{P}{2\pi}
\end{cases}
\tag{3.19}
$$

从而得到 X, Y, Z 三个积分器的被积函数

$$J_{vx} \leftarrow Y_i \qquad\qquad J_{vy} \leftarrow X_i \qquad\qquad J_{vz} \leftarrow p/2\pi$$

X 和 Y 的被积函数与圆弧插补的被积函数相同,螺旋线在 XOY 平面内符合圆弧插补运动规律,上述讨论的是螺旋线影响到 XOY 平面第一象限的插补运算情况,其他情况被积函数相同只是 X, Y 进给方向发生变化,其变化规律与圆弧一致。

3.4 数据采样插补

数据采样插补广泛用于以直流伺服电机为驱动元件的闭环、半闭环系统。它用软件进行

粗插补,计算出一定时间内动点应该移动的距离,用硬件进行精插补,控制电机驱动运动部件达到预定要求。相邻两次插补之间的时间间隔称为插补周期 T,向硬件插补器送入的插补位移时间间隔称为采样周期。对于采用数据采样插补的 CNC 装置,重要的是选择好插补周期。

3.4.1　插补周期的选择

(1)插补周期与插补运算时间的关系

一旦选定了插补算法,完成该插补运算的最大指令条数也就确定了,也就可以大致确定插补运算所占用 CPU 的时间。当 CNC 系统进行轮廓控制时,CPU 除了要完成插补运算外,还必须实时地完成一些显示、键盘扫描、监控等其他工作。因此,插补周期 T 必须大于插补运算时间与完成其他任务所需时间之和。

(2)插补周期与位置反馈采样周期的关系

插补周期与采样周期可以相同,也可是采样周期的整数倍。如某 CNC 系统采用 8 ms 的插补周期和 4 ms 的采样周期。插补程序每 8 ms 被调用一次,为下一个周期算出这个坐标轴应该进给的增量长度;而位置反馈采样程序每 4 ms 被调用一次,将插补程序算好的坐标位置增量除以 2 后再进行进一步的精插补。

(3)插补周期与速度、精度的关系

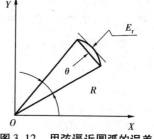

图 3.12　用弦逼近圆弧的误差

在直线插补中,插补所形成的每个小直线段与给定直线重合;而在圆弧插补时,一般用内接弦线来逼近,如图 3.12 所示,最大半径误差 E_r 与步距角 θ 的关系为

$$E_r = R(1 - \cos \theta/2) \approx R - R[1 - (\theta/2)^2 \div 2!] = R\theta^2/8$$

因为 　　　　　　　　$\theta = L/R, L = TF$

所以 　　　　$E_r = R\theta^2/8 = L^2/8R = (TF)^2/8R$

式中　F——动点移动速度;

　　　　L——弦长。

由上式可知,在圆弧插补时,插补周期 T 与精度 E_r,半径 R 和速度 F 有关。在给定 E_r 的情况下,插补周期 T 应尽可能的小,以获得足够大的速度。

3.4.2　直线插补算法

(1)原理

设直线起点坐标为 $O(0,0)$,终点坐标为 $E(X_e, Y_e)$,动点沿直线移动的速度为 F,则每个插补周期进给步长为

$$\Delta L = FT$$

X 方向和 Y 方向的位移增量分别为 ΔX 和 ΔY,由于直线的长度为

$$L = (X_e^2 + Y_e^2)^{1/2}$$

因为

$$\Delta L/L = \Delta X/X_e = \Delta Y/Y_e$$

令 $\Delta L/L = K$,有

$$\Delta X = KX_e \qquad \Delta Y = KY_e$$

即

$$X_i = X_{i-1} + \Delta X = X_{i-1} + KX_e$$
$$Y_i = Y_{i-1} + \Delta Y = Y_{i-1} + KY_e$$

(2)实用算法

插补计算通常分两步来完成:第一步是插补准备,完成一些在插补计算中常数(如 $K = \Delta L/L$)的计算,插补准备在每个加工程序段只运行一次。第二步是插补计算,每个插补周期计算一次,算出一个插补点(X_i, Y_i)。

在直线插补中,根据插补准备和插补计算所完成的内容不同,有以下几种算法:

1)进给率数法

插补准备:

$$K = \Delta L/L$$

插补计算:

$$\Delta X = KX_e, \Delta Y = KY_e$$
$$X_i = X_{i-1} + \Delta X, Y_i = Y_{i-1} + \Delta Y$$

2)方向余弦法

插补准备:

$$\cos \alpha = X_e/L, \cos \beta = Y_e/L, \Delta L = FT$$

式中 α——直线与 X 轴的夹角;

β——直线与 Y 轴的夹角。

插补计算:

$$\Delta X = \Delta L \cos \alpha, \Delta Y = \Delta L \cos \beta$$
$$X_i = X_{i-1} + \Delta X$$
$$Y_i = Y_{i-1} + \Delta Y$$

3)直线函数法

插补准备:

$$\Delta X = X_e \Delta L/L$$

插补计算:

$$\Delta Y = Y_e \Delta X/X_e, X_i = X_{i-1} + \Delta X, Y_i = Y_{i-1} + \Delta Y$$

3.4.3 圆弧插补算法

圆弧插补算法的基本思想是在满足精度的前提下,用弦进给代替弧进给,即用直线逼近圆弧。在已知刀具移动速度 F 的前提下,在圆弧段上计算出若干个插补点,并使每个插补点之间的弧长 $\Delta L = FT$。由于圆弧是二次曲线,故其插补点的计算比直线复杂。为使圆弧插补计算即准确又方便,人们设计出了各种计算方法,这些方法各有优缺点。下面介绍一种圆弧插补计算法。

以第一象限顺圆为例来说明圆弧插补原理。如图 3.13 所示,$A(X_i, Y_i)$ 点是圆弧上某瞬间的插补点,B 为下一个插补点,$AB = \Delta L = FT$,由几何关系知:

$$\beta = \beta_i + \Delta\beta/2,$$
$$\cos \beta = \cos(\beta_i + 0.5\Delta\beta) =$$

$$(Y_i - 0.5\Delta Y)/(R - Er)$$

因 E_r 相对于 R 非常小,可舍去。而 ΔY_i 还是未知数,故采用一种近似算法,用 ΔY_{i-1} 代替 ΔY_i,即

$$\cos \beta = (Y_i - 0.5\Delta Y_{i-1})/R$$

$$\Delta X_i = \Delta L \cos \beta = \Delta L(Y_i - 0.5\Delta Y_{i-1})/R$$

$$\Delta Y_i = Y_i - [R^2 - (X_i + \Delta X_i)^2]^{1/2}$$

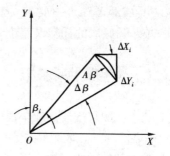

图 3.13　数据采样法圆弧插补

用这种算法算出的 ΔX_i 和 ΔY_i 与理论值虽有偏差,但可以保证每个瞬时点都位于圆弧上,只影响合成速度的均匀性,且这种影响也是非常小的,在实际加工中可认为是均匀的。

3.5　其他插补方法简介

3.5.1　比较积分插补法

数字积分插补法可以方便地用于各种曲线的插补,但动点的进给速度会因被插补曲线尺寸的不同而产生较大变化。为此,人们提出了比较积分插补法。

设直线的终点坐标为 $E(X_e, Y_e)$,且 $X_e \geq Y_e$。在每个插补循环中,刀具沿 X 方向均走一步,当 Y 方向累加器 $\sum Y_e$ 的值大于 X_e 时,产生溢出,沿 Y 方向走一步。通过比较 Y 方向的积分与 X_e 的相对大小来确定是否沿 Y 方向进给。

在比较积分法中,动点的合成速度为

$$V = 60\delta f L/X_e = (1.414 \sim 1)60\delta f$$

速度变化的范围大大减小了。

3.5.2　单步追踪插补法

直线插补时,为了达到较高的插补精度,进给脉冲服从以下规律:

①脉冲间隔均匀,设两轴的脉冲间隔分别为 τ_x, τ_y。

②两轴脉冲间隔的关系为 $\tau_x/\tau_y = Y_e/X_e$。

③两轴第一脉冲的间隔与最后一脉冲的间隔应相同,均为 τ_0。

设 $X_e > Y_e$,若取 $\tau_x = Y_e, \tau_y = X_e$,则

$$\tau_0 = [\tau_x(X_e - 1) - \tau_y(Y_e - 1)]/2 = (X_e - Y_e)/2$$

如 $X_e = 5, Y_e = 3$,则

$$\tau_x = 3, \quad \tau_y = 5, \quad \tau_0 = 1$$

根据这个要求分配进给脉冲。首先判断两个坐标第一个脉冲与起点的距离,X 轴第一个脉冲与起点的距离为 0,Y 轴第一个脉冲与起点的距离为 $\tau_0(=1)$。X 轴脉冲的距离小,刀具应沿 X 轴走一步,X 轴第二个脉冲与起点距离为 $\tau_x(=3)$,比 Y 轴第一个脉冲的距离 τ_0 大。因

此,刀具应沿 X 轴走一步……如此一直进行下去,直至终点。

单步追踪法的插补误差小于 0.73 个脉冲当量,运算简单,速度控制方便。

3.5.3 数字脉冲乘法器

数字脉冲乘法器是最早使用的一种最简单的直线插补方法。它是由脉冲源通过分频器输出一序列脉冲,序列脉冲将受一给定的二进制数通过逻辑乘的门电路所控制,从而实现把坐标增量数据转换成相应的一串脉冲数去驱动坐标轴的移动。

分频器实质上是一个二进制计数器,若它由 n 位触发器组成,则计数脉冲端每输入 2^n 个脉冲,完成一次计数循环,即一个程序间隔。由分频器输出各端送到与门的脉冲能否通过,取决于该与门的另一输入端是否具有开门条件。若给定二进制数 $A = A_n A_{n-1} \cdots A_i \cdots A_2 A_1$。当 $A_i = 0$ 时,与门关闭;$A_i = 1$ 时,与门开放。显然,一个程序间隔内,输出脉冲数 $S = A$。在 M 个程序间隔内,$S = MA$,数字脉冲乘法器由此得名。

3.5.4 数字增量插补

(1)时间分割法插补

时间分割法插补是典型的数字增量插补方法。时间分割法插补是把加工一段直线或圆弧的时间分为许多相等的时间间隔,该时间间隔称为单位时间间隔,即插补周期。例如,日本 FANUC 公司的 FANUC-7M 系统和美国 A-B 公司的 7360CNC 系统都是采用时间分割插补算法,其插补周期分别为 8 ms 和 10.24 ms。在时间分割法中,每经过一个单位时间间隔就进行一次插补运算,计算出各个坐标轴在一个插补周期内的进给量。如在 7M 系统中,设 F 为程序编制中给定的速度指令(单位为 mm/min),插补周期为 8 ms,则一个插补周期的进给量 $f(\mu m)$ 为

$$f = \frac{F \times 1\,000 \times 8}{60 \times 1\,000} = \frac{2}{15}F \tag{3.20}$$

由式(3.20)可知,在一个插补周期的进给量确定后,根据刀具运动轨迹与坐标轴的几何关系,就可以求出各轴在一个插补周期内的进给量 $\Delta X, \Delta Y$,如图 3.14 所示。

数字增量插补的时间分割法着重解决两个问题:一是如何选择插补周期。因插补周期与插补精度、速度有关;二是如何计算在一个周期内各坐标值的增量值。因为有了前一个插补周期计算的动点位置值和本次插补周期内坐标轴的增量值,就很容易计算出本插补周期内的动点坐标值。

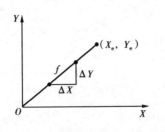

图 3.14 时间分割法直线插补

1)时间分割法直线插补

如图 3.14 所示,根据编程进给速度 F 和插补周期 T,可计算出每个插补周期的进给长度为

$$f = FT \tag{3.21}$$

且有

$$\frac{\Delta t}{X_e} = \frac{f}{\sqrt{X_e^2 + Y_e^2}}$$

$$\frac{\Delta Y}{Y_e} = \frac{f}{\sqrt{X_e^2 + Y_e^2}}$$

由此可得第 i 点的插补计算公式为

$$X_i = X_{i+1} + \frac{f}{\sqrt{X_e^2 + Y_e^2}} X_e$$

$$Y_i = Y_{i-1} + \frac{f}{\sqrt{X_e^2 + Y_e^2}} Y_e \tag{3.22}$$

根据插补原理,每次插补 X 与 Y 的增量均不相同。为了保证插补运动连续,需要在下一段插补开始之前先计算好。

2)时间分割法圆弧插补

以第一象限顺圆为例,如图 3.15 所示,圆上 $A(X_i, Y_i)$ 为当前点,$B(X_{i+1}, Y_{i+1})$ 为插补后到达的点,插补后的线段长度 AB 为 $f = FT$。需要计算的是本次插补 X 轴和 Y 轴的进给量 $\Delta X = X_{i+1} - X_i$,$\Delta Y = Y_{i+1} - Y_i$。图中 AP 为过 A 点的切线,M 是 AB 弦的中点,$OM \perp AB$。由于 $ME \perp AF$,故 $AE = EF$。圆心角具有关系

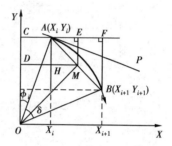

图 3.15　时间分割法顺圆插补

$$\phi_{i+1} = \phi_i + \delta \tag{3.23}$$

其中 δ 为进给弦 AB 所对应的角度增量。根据几何关系有

$$\angle AOC = \angle PAF = \phi_i$$

$$\angle BAP = \frac{1}{2} \angle AOB = \frac{1}{2} \delta$$

令

$$\alpha = \angle PAF + \angle BAP = \phi_i + \frac{1}{2} \delta$$

在 $\triangle MOD$ 中

$$\tan \alpha = \frac{DH + HM}{OC - CD}$$

式中

$$DH = X_i, OC = Y_i, HM = \frac{1}{2} f \cos \alpha = \frac{1}{2} f \sin \alpha = \frac{1}{2} \Delta Y$$

故

$$\tan \alpha = \frac{Y_{i+1} - Y_i}{X_{i+1} - X_i} = \frac{\Delta Y}{\Delta X} = \frac{X_i + \frac{1}{2} \Delta X}{Y_i - \frac{1}{2} \Delta Y} = \frac{X_i + \frac{1}{2} f \cos \alpha}{Y_i - \frac{1}{2} f \sin \alpha} \tag{3.24}$$

上式反映了 A 与 B 点的位置关系,只要坐标满足上式,则 A 与 B 点必在同一圆弧上。由于上式中 $\cos \alpha$ 和 $\sin \alpha$ 都是未知数,难以求解,采用近似计算求解 $\tan \alpha$。取 $\alpha \approx 45°$,即

$$\tan \alpha = \frac{X_i + \frac{1}{2} f \cos \alpha}{Y_i - \frac{1}{2} f \sin \alpha} \approx \frac{X_i + \frac{1}{2} f \cos 45°}{Y_i - \frac{1}{2} f \sin 45°} \tag{3.25}$$

由于每次的进给量 f 很小,因此在整个插补过程中,这种近似是可行的。由此可计算出

$$\Delta X = f \cos \alpha \qquad \Delta Y = \frac{\left(X_i + \frac{1}{2}\Delta X \right)\Delta X}{Y_i - \frac{1}{2}\Delta Y} \qquad (3.26)$$

这里近似处理所影响的仅是进给步长的微小变化 $AB \rightarrow AB'$，如图 3.16 所示，对应 $\Delta X \rightarrow \Delta X'$，$\Delta Y \rightarrow \Delta Y'$。但是 B' 不受近似的影响，一定在圆弧上。

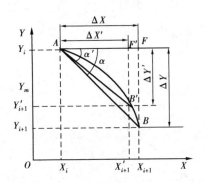

图 3.16　近似处理引起的进给速度偏差图　　　图 3.17　扩展 DDA 直线插补

(2)扩展 DDA 法插补

扩展 DDA 法也是典型的数字增量插补方法。与上面介绍的数字积分法相似，扩展 DDA 算法是在数字积分原理的基础上发展起来的。它在处理圆弧插补时，不是直接应用数字积分，而是对数字积分做了改进，将数字积分法用切线逼近圆弧的方法改进为割线逼近，减小了逼近误差。

1)扩展 DDA 法直线插补

如图 3.17 所示，设要加工直线为 OP，起点在坐标原点 O，终点为 $P(X_e, Y_e)$，在时间 t_0 内，动点由起点到达终点，则有

$$v_x = \frac{1}{t_0}X_e \qquad v_y = \frac{1}{t_0}Y_e \qquad (3.27)$$

式中　v_x——动点沿 X 轴方向的速度；

　　　v_y——动点沿 Y 轴方向的速度。

由数字积分原理得

$$X_m = \sum_{i=1}^{m} \frac{1}{t_0}X_e \Delta t_i \qquad Y_m = \sum_{i=1}^{m} \frac{1}{t_0}Y_e \Delta t_i \qquad (3.28)$$

将时间 t_0 用采样周期 $T = \Delta t$ 分割成 n 个子区间（n 取大于或等于 $\frac{t_0}{T}$ 最接近的整数），则可得下式

$$\Delta X = v_x \Delta t = v \Delta t \cos \alpha \qquad \Delta Y = v_y \Delta t = v \Delta t \sin \alpha$$

$$X_m = \sum_{i=1}^{m} \Delta X_i, \quad Y_m = \sum_{i=1}^{m} \Delta Y_i \qquad (3.29)$$

式中　v——指令进给速度，单位为 mm/min。

由式(3.29)可导出直线插补的迭代公式

$$X_{i+1} = X_i + \Delta X \qquad Y_{i+1} = Y_i + \Delta Y \tag{3.30}$$

轮廓步长 f 在坐标轴上的分量 $\Delta X,\Delta Y$ 的大小取决于指令进给速度 v,其表达式为

$$\Delta X = v\Delta t \cos \alpha = \frac{vX_e\Delta t}{\sqrt{X_e^2 + Y_e^2}} = \lambda_i FRNX_e$$
$$\tag{3.31}$$
$$\Delta Y = v\Delta t \sin \alpha = \frac{vY_e\Delta t}{\sqrt{X_e^2 + Y_e^2}} = \lambda_i FRNY_e$$

式中　Δt——采样周期;

　　　λ_i——经时间换算的采样周期;

　　　FRN——进给速率数,进给速度的一种表示方法,$FRN = \dfrac{v}{\sqrt{X_e^2 + Y_e^2}} = \dfrac{v}{L}$,$L$ 为所要插补

　　　　的直线长度。

对于具体的一条直线,FRN 和 λ_i 为已知常数,因此式中的 $FRN \cdot \lambda_i$ 可以用 λ_d 表示,称为步长系数。因此可得到

$$\Delta X = \lambda_d X_e, \Delta Y = \lambda_d Y_e \tag{3.32}$$

2)扩展 DDA 法圆弧插补

如图 3.18 所示,设要加工第一象限顺圆 AQ,其圆心在原点 O,半径为 R。设圆弧上某一插补点为 $A(X_m, Y_m)$,由圆的方程可得出

$$X^2 + Y^2 = R^2 \qquad 2X\frac{\mathrm{d}X}{\mathrm{d}t} + 2Y\frac{\mathrm{d}Y}{\mathrm{d}t} = 0 \qquad \frac{\dfrac{\mathrm{d}Y}{\mathrm{d}t}}{\dfrac{\mathrm{d}X}{\mathrm{d}t}} = -\frac{X}{Y} \tag{3.33}$$

由此可导出第一象限顺圆上动点沿坐标轴方向的速度分量为

$$v_x = \frac{\mathrm{d}X}{\mathrm{d}t} = y \qquad v_y = \frac{\mathrm{d}Y}{\mathrm{d}t} = -X \tag{3.34}$$

从而有

$$v = \sqrt{v_x^2 + v_y^2} = \sqrt{Y^2 + (-X)^2} \qquad X_m = \sum_{i=1}^{m} Y_i\Delta t_i, Y_m = \sum_{i=1}^{m} -X_i\Delta t_i \tag{3.35}$$

设轮廓步长即进给量为 f,如直接用数字积分法计算,则有

$$\Delta X_{m+1} = f\frac{v_x}{v} = f\frac{Y_m}{\sqrt{Y_m^2 + X_m^2}} \qquad \Delta Y_{m+1} = f\frac{v_y}{v} = f\frac{-X_m}{\sqrt{Y_m^2 + X_m^2}} \tag{3.36}$$

按式(3.36)计算,进给的方向为指令进给速度 v 的方向。从图 3.18 可以看出,在插补点 $A(X_m, Y_m)$ 时 v 的方向是该点的切线方向,其斜率为该点半径斜率的负倒数,即

$$\frac{\Delta Y}{\Delta X} = \frac{v_y}{v_x} = -\frac{X}{Y} \tag{3.37}$$

以切线逼近圆弧势必会造成较大的逼近误差。扩展 DDA 插补法将 DDA 的切线逼近改进为割线逼近,从而提高插补精度。如图 3.18 所示,用 DDA 算法求出按切线方

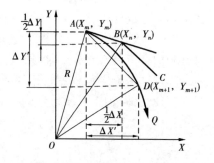

图 3.18　扩展 DDA 圆弧插补

向的各坐标轴增量 $\Delta X, \Delta Y$，取其 $\frac{1}{2}$ 可得到点 $B(X_n, Y_n)$ 的坐标

$$X_n = X_m + \frac{\Delta X}{2} \qquad Y_n = Y_m + \frac{\Delta Y}{2} \tag{3.38}$$

在以直线 OB 的垂线 BC 方向作为合成速度方向计算实际进给的增量 $\Delta X'$ 和 $\Delta Y'$，有

$$\Delta X' = f \frac{Y_n}{\sqrt{X_n^2 + Y_n^2}}$$

$$\Delta Y' = f \frac{-X_n}{\sqrt{Y_n^2 + X_n^2}} \tag{3.39}$$

$$X_{m+1} = X_m + \Delta X' \qquad Y_{m+1} = Y_m + \Delta Y'$$

从图 3.18 可以看出，从 A 点以 BC 方向进给，走出割线 AD，D 点的坐标为 (X_{m+1}, Y_{m+1})。

习题三

3.1 插补器可分为哪几类？常用的插补方法有哪些？

3.2 简述逐点比较法的插补过程。其中偏差函数的作用是什么，对其有什么要求？

3.3 直线的起点 $O(0,0)$，终点 E 分别为：

①$E(8,3)$ ②$E(-5,2)$ ③$E(-3,-5)$ ④$E(-7,-3)$

试用逐点比较法对这些直线进行插补，并画出插补轨迹。

3.4 同你熟悉的计算机语言编写第一象限直线插补软件。

3.5 设插补时钟频率 f 为 2 000 Hz，脉冲当量 δ 为 0.01 mm，试计算题 3.3 插补时的合成进给速度。

3.6 逐点比较法插补圆弧时，进给方向如何确定？偏差值如何计算？

3.7 顺圆起终点坐标如下：

①$A(0,5)$，$B(4,3)$ ②$A(0,-5)$，$B(-5,0)$

试用逐点比较法进行插补，并画出插补轨迹。

3.8 逆圆起终点坐标如下：

①$A(0,5)$，$B(-4,3)$ ②$A(0,-5)$，$B(4,-3)$

试用逐点比较法进行插补，并画出插补轨迹。

3.9 同你熟悉的计算机语言编写第一象限逆圆插补软件。

3.10 用数字积分法对题 3.3 所述直线进行插补。

3.11 用数字积分法对题 3.6 所述顺圆进行插补。

3.12 简述 DDA 稳速控制的方法及其原理。

3.13 数据采样法用于何种控制系统？这种算法由哪几部分组成？

4

计算机数字控制系统

4.1 概　述

4.1.1 计算机数控系统的组成

计算机数控系统(简称 CNC 系统)是一种包含有计算机在内的数字控制系统。其原理是根据计算机存储的控制程序执行数字控制功能。

CNC 系统一般由程序、输入输出设备、计算机数字控制装置、可编程控制器(PLC)、主轴驱动装置和进给驱动装置等组成。图 4.1 为 CNC 系统框图。

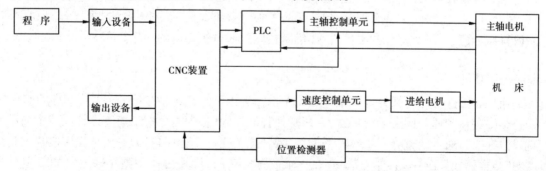

图 4.1　CNC 系统框图

数控系统的核心是计算机数字控制装置。随着半导体技术、计算机和计算技术的发展，现代数控装置以微型计算机数控装置(MNC)为主体，统称为(CNC)数控装置。使用微处理机和微型计算机后，使得 CNC 数控装置的性能和可靠性不断提高，成本不断下降，其优越的性能价格比，推动了 CNC 数控系统的发展。

4.1.2　CNC 装置的工作过程

CNC 装置是以存储程序方式工作,在硬件的支持下,执行软件的全过程。下面从几方面简要说明 CNC 装置的工作过程。

(1)输入

输入 CNC 装置的有零件程序、控制参数和补偿数据。输入的方式有键盘手动输入、磁盘输入、U 盘输入、光盘输入、通信接口输入(串口)以及连接上级计算机的 DNC(直接数控)接口输入。CNC 装置在输入过程中还要完成校验和代码转换等工作,输入的全部信息存放到 CNC 装置的内部存储器中。

(2)译码

在输入的零件加工程序中,含有零件的轮廓信息(线型、起终点坐标)、加工速度(F 代码)和其他的辅助信息(M、S、T 代码等)。CNC 装置按一个程序段为单位,根据一定的语言规则解释成计算机能够识别的数据形式,并以一定的数据格式存放在指定的内存专用区间。在译码过程中,还要完成对程序段的语法检查等工作,发现错误立即报警提示。

(3)数据处理

数据处理包括刀具补偿、速度计算以及辅助功能的处理等。刀具补偿分为刀具长度补偿、刀具半径补偿和刀尖半径补偿。通常,CNC 装置的零件程序是以零件轮廓轨迹来编程。刀具补偿的作用是把零件轮廓轨迹转换成刀具中心轨迹,以便操作者编制零件程序。现代的 CNC 装置中,刀具补偿工作还包括程序段之间的自动转接和过切削判断。

速度计算是按编程所给的合成进给速度计算出各坐标轴运动方向的分速度。另外对数控机床允许的最低速度和最高速度的限制进行判别并做相应的处理。在有些 CNC 装置中,软件的自动加减速处理也是安排在这里进行的。

辅助功能如换刀、主轴启停、冷却液开关等大部分都是开关量信号。主要工作是识别、存储设置标志,在程序执行时发出信号,让机床相应部件执行相应的动作。

(4)插补

插补的任务是通过插补计算程序在一条已知起点和终点的曲线上进行"数据点的密化"。插补程序在每个插补周期运行一次,在每个插补周期内,根据指令进给速度计算出一个微小的直线数据段。通常经过若干个插补周期后,插补加工完一个程序段,即完成从程序段起点到终点的"数据密化"工作。具体方法是,在一个插补周期内,计算出一个微小数据段的各坐标分量,如$(\Delta x, \Delta y)$,经过若干插补周期,可以计算出从起点到终点之间的若干个微小直线数据段。每个插补周期所计算出的微小直线段都应足够小,以保证轨迹精度。

目前,一般 CNC 装置中,仅能对直线、圆弧和螺旋线进行插补计算。在一些专用的或较高档的 CNC 装置中还能完成对椭圆、抛物线、正弦线和一些专用曲线的插补计算。插补计算实时性很强,要尽量缩短每一次插补运算的时间,使节约出的时间更好地处理其他任务,在机床性能允许和满足精度的前提下,可以尽可能提高加工速度,减少加工的时间,提高效率。

（5）位置控制

位置控制可以由软件来实现,也可以由硬件完成。它的主要任务是在每个采样周期内,将插补计算的理论位置与实际反馈位置相比较,用其差值去控制进给电机。在位置控制中,还要完成位置回路的增益调整、各坐标方向的螺距误差补偿和反向间隙补偿,以提高机床的定位精度。

（6）I/O 处理

I/O 处理主要是处理 CNC 装置与机床之间的强、弱电信号的输入、输出和控制。

（7）显示

CNC 装置的显示主要是为操作者提供方便,通常有:零件程序的显示、参数显示、刀具位置显示、机床状态显示、报警显示等。对功能比较强的 CNC 装置中,还有刀具加工轨迹的静、动态图形显示,以及在线编程时的图形显示等。

（8）诊断

现代 CNC 装置都具有联机和脱机诊断能力。联机诊断是指 CNC 装置中的自诊断程序,诊断程序融合在各个部分,随时检查不正常的事件。脱机诊断是指系统不工作,但在运转条件下的诊断,一般 CNC 装置配备有各种脱机诊断程序,以检查存储器、外围设备、I/O 接口等。脱机诊断还可以采用远程通讯方式进行,即把用户的 CNC 装置通过网络与远程通讯诊断中心的计算机相连,由诊断中心计算机对 CNC 装置进行诊断、故障定位和修复。

4.1.3　CNC 装置的功能

CNC 装置采用微处理器、微型计算机,通过软件可以实现很多功能。数控装置有多种系列,性能各异,选用时要仔细考虑其功能。数控装置的功能通常包括基本功能和选择功能。基本功能是数控系统必备的功能,选择功能是供用户根据机床特点和用途进行选择的功能。CNC 装置的功能主要反映在准备功能 G 指令代码和辅助功能 M 指令代码上,G 指令代码和 M 指令代码越丰富,功能就越强。根据数控机床的类型、用途、挡次的高低,CNC 装置的功能有很大的不同,下面介绍其主要功能。

（1）控制轴数和联动轴数

CNC 装置能控制的轴数以及能同时控制(即联动)的轴数是主要功能之一。控制轴有移动轴和回转轴,有基本轴和附加轴。联动轴可以完成轮廓轨迹加工。一般数控车床只需要二轴控制,二轴联动,一般铣床需要三轴控制,2.5 轴联动(XY 轴联动,Z 轴上下运动),一般加工中心为三轴联动,多轴控制。控制轴数越多,特别是同时控制轴数越多,CNC 装置的功能越强,同时 CNC 装置就越复杂,编制程序也越困难。

（2）点位与连续移动功能

点位移动系统用于定位式的加工机床，如数控钻床、数控冲床；连续（或称轮廓）系统用于刀具轨迹连续形式的加工机床，如数控车床、数控铣床、复杂型面的加工中心等。连续控制系统必须有两个或两个以上进给坐标具有联动功能。

（3）编程单位与坐标移动分辨率

多数系统编程单位与坐标移动分辨率一致。对于直线移动坐标，大部分系统为 0.001 mm；控制精度高的系统，可达 0.1 μm。对于回转坐标，大部分系统为 0.001 度。有的系统允许编程单位与坐标移动分辨率不一致，但给内部处理带来一些不便。

（4）最大指令值

这是各种指令允许的最大输入值。使用时，需要根据数控机床的实际情况，在允许范围内使用。

（5）插补功能

现代的 CNC 装置一般通过软件进行插补，在闭环中采用数据采样插补是当前的主要方法。插补计算实时性很强，有采用高速微处理器的一级插补，以及粗插补和精插补分开的二级插补。

一般数控装置都有直线和圆弧插补，高挡数控装置还具有抛物线插补、螺旋线插补、极坐标插补、正弦插补、样条插补等。

（6）固定循环加工功能

用数控机床加工零件，一些典型的加工工序，如钻孔、攻丝、镗孔、深孔钻削、切螺纹等，所需完成的动作循环十分典型，加工时，且经常遇到，将这些典型动作预先编好程序并存储在内存中，用 G 代码进行指定，这就形成了固定循环指令。使用固定循环指令可以简化编程。固定循环加工指令有钻孔、镗孔、攻丝循环；车削、铣削循环；复合加工循环；车螺纹循环等。

（7）进给功能

进给功能用 F 指令直接指定各轴的进给速度。

①切削进给速度一般进给量为 1 mm/min ~ 100 m/min。在选用系统时，该指标应和坐标轴移动的分辨率结合起来考虑，如 FANUC-15 系统分辨率为 1 μm 时，进给速度可达 100 m/min；分辨率为 0.1 μm 时，进给速度为 24 m/min。

②同步进给速度为主轴每转时进给轴的进给量，单位为 mm/r。只有主轴上装有位置编码器（一般为脉冲编码器）的机床才能指令同步进给速度。

③快速进给速度一般为进给速度的最高速度，它通过参数设定，用 G00 指定快速进给速度。也可通过操作面板上的快速倍率开关分挡。

④进给倍率操作面板上设置了进给倍率开关，一般倍率可在 0 ~ 200% 之间变化，每挡间隔10%。使用倍率开关不用修改程序就可以改变进给速度。

(8)主轴速度功能

①主轴转速的编码方式一般用 S 代码和 2 位或 4 位数表示,单位为 r/min 或 mm/min。

②保定恒定线速度功能对保证数控车床或数控磨床加工工件端面质量很有意义。

③主轴定向准停功能使主轴在径向的某一位置准确停止,有自动换刀功能的机床必须选取有这一功能的 CNC 装置。

(9)刀具功能

这项功能包括选取刀具的数量和种类;刀具的编码方式;自动换刀的方式,即固定刀位换刀还是随机换刀。

(10)补偿功能

①刀具长度补偿、刀具半径补偿和刀尖圆弧的补偿。这些功能可以补偿刀具磨损以及换刀时对准正确位置。

②工艺量的补偿包括坐标轴的反向间隙补偿、进给传动件的传动误差补偿(如丝杠螺距误差补偿)、进给齿条齿距误差补偿、机件的温度变形误差补偿等。

(11)准备功能(G 代码)和辅助功能(M 代码)

本书对 G 代码和 M 代码已有叙述,详细内容见第 2 章。

(12)字符图形显示功能

CNC 装置可配置单色或彩色 CRT,通过软件和接口实现字符和图形显示。它可以显示程序、参数、各种补偿量、坐标位置、故障信息、人机对话编程菜单、零件图形、动态刀具轨迹等。

(13)程序编制功能

通常有三种编程形式:

①手工编程用 CNC 系统配置键盘按零件设计图,遵循系统的指令规则输入零件加工程序。编程时机床不能加工,因而耗费机时,只适用于简单零件。

②背景(后台)编程也叫在线编程,程序编制方法同上,但可以在机床加工过程中进行,因此不占机时。这种 CNC 装置中内部有专门用于编程的 CPU。

③自动编程 CNC 装置内有自动编程语言系统,由专门的 CPU 来管理编程。

(14)输入、输出和通讯功能

一般的 CNC 装置可以接多种输入、输出外部设备,实现程序和参数的输入、输出和存储。在没有背景编程和机内计算机辅助编程的情况下,为了节省占机时间,可以采取外部编程。通过专用或通用计算机外部编程形式的程序,可以存储在磁盘上或 U 盘上直接调入数控装置,也可直接通过通讯的方式传送到数控装置。通信时多数采用串行方式传送信息,所以通常与 CNC 装置的 RS-232C 接口连接。

（15）自诊断功能

CNC 装置中设置了各种诊断程序，可以防止故障的发生或扩大。在故障出现后，可迅速查明故障类型及部位，减小故障停机时间。

不同的 CNC 装置设置的诊断程序不同，可以包含在系统程序中，在系统运行过程中进行检查和诊断，也可作为服务性程序，在系统运行前或故障停机后进行诊断，查找故障部位。有的 CNC 装置可以进行远程通讯诊断。

总之，CNC 数控装置的功能多种多样，而且随着技术的发展，功能将会越来越丰富。

4.1.4　CNC 装置的特点

（1）灵活性大

与硬逻辑数控装置相比，灵活性是 CNC 装置的主要特点，只要改变软件，就可以改变和扩展其功能，补充新技术。这就延长了硬件结构的使用期限。

（2）通用性强

在 CNC 装置中，硬件有多种通用的模块化结构，而且易于扩展，主要依靠软件变化来满足机床的各种不同要求。接口电路标准化，给机床厂和用户带来方便。这样用一种 CNC 装置就能满足多种数控机床的要求，对培训和学习也十分方便。

（3）可靠性高

CNC 装置的零件程序在加工前一次输入存储器，经检查无误后便可被调用运行。而且，许多功能由软件实现，硬件结构大大简化，特别是采用大规模和超大规模通用和专用集成电路，使可靠性得到很大提高。

（4）可以实现复杂的功能

CNC 装置利用计算机的高度计算能力，可以实现许多复杂的数控功能，如高次曲线插补、动静态图形显示、多种补偿功能、数字伺服控制功能等。

（5）使用维修方便

CNC 装置的诊断程序使维修非常方便。CNC 装置有对话编程、蓝图编程、自动在线编程，使编程工作简单方便，而且编好的程序可以显示，通过空运行，将刀具轨迹显示出来，检查程序是否正确。这些都表现了较好的使用性。

（6）易于实现机电一体化

由于半导体集成电路技术的发展及先进的制造安装技术的采用，使 CNC 装置硬结构尺寸大为缩小，非常紧凑，与机床融合为一体已变得很容易。占地面积小、、操作方便。由于通信功能的增强，容易组成数控加工自动线，如 FMC，FMS 和 CIMS 等。

4.2 CNC 装置的基本信息

4.2.1 CNC 装置的控制信息

数控机床的控制信息有两类:一类是对坐标轴运动进行的"数字控制",主要是对数控机床进给运动的坐标轴位置进行控制,如工作台前后左右的移动;对车床的 X 轴和 Z 轴,对铣床的 X 轴、Y 轴和 Z 轴的移动距离,各轴运行的插补、补偿等的控制;主轴的上下移动和围绕某一直线轴的旋转运动等。这种控制即是用插补计算的理论位置与实际反馈位置相比较,以其差值去实现对进给电机的控制。另一类是"顺序控制"。对数控机床来说,顺序控制是在数控机床运行过程中,以 CNC 内部和机床各行程开关、传感器、按钮、继电器等的开关量信号状态为条件,并按照预先规定的逻辑顺序对诸如主轴的启停、换向,刀具的更换,工件的夹紧、松开,液压、冷却,润滑系统的运行等进行的控制。其主要控制的是开关量信号。

第一类信息由计算机处理,第二类信息由 PLC(或计算机)处理。

4.2.2 数控机床的接口信息

数控机床"接口"是指数控装置与机床及机床电气设备之间的电气连接部分。

(1)接口规范

根据国际标准《ISO4336—1981(E)机床数字控制——数控装置和数控机床电气设备之间的接口规范》的规定,接口分为四类(见图4.2)。

第 I 类:与驱动命令有关的连接电路;

第 II 类:数控装置与测量系统和测量传感器间的连接电路;

第 III 类:电源及保护电路;

第 IV 类:通/断信号和代码信号连接电路。

第 I 类和第 II 类接口传送的信息是数控装置与伺服单元、伺服电机、位置检测和速度检测之间的控制信息及反馈信息,它们属于数字控制及伺服控制。

第 III 类电源及保护电路由数控机床强电线路的电源控制电路构成。强电线路由电源变压器、控制变压器、各种断路器、保护开关、接触器、功率继电器及熔断器等连接,为辅助交流电机、电磁铁、离合器、电磁阀等功率执行元件供电。强电线路不能与低压下工作的控制电路或弱电线路直接连接,只能通过断路器、热动开关、中间继电器等器件转换成在直流低压下工作的触点的开合动作,才能成为继电器逻辑电路和 PLC 可接收的电信号。反之亦然。

第 IV 类开/关信号和代码信号是数控装置与外部传送的输入、输出控制信号。当数控机床不带 PLC 时,这些信号直接在数控装置和机床间传送。当数控装置带有 PLC 时,这些信号除极少数的高速信号外,均通过 PLC 传送。

(2)接口的任务

对 CNC 装置而言,由机床(MT)向 CNC 传送的信号称为输入信号;由 CNC 向 MT 传送的信号称为输出信号。这些主要输入、输出信号的类型有:

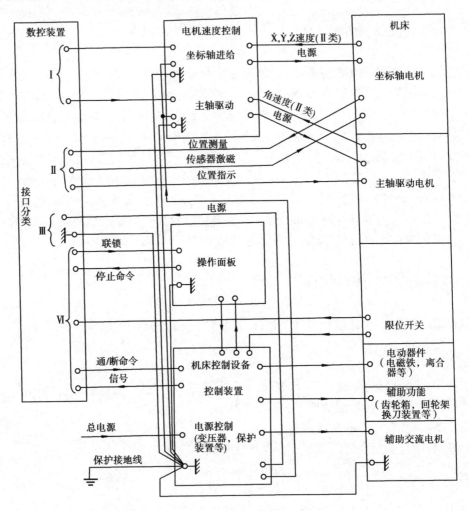

图 4.2 数控装置、数控设备和机床间的关系图

①直流数字输入/输出信号;

②直流模拟输入/输出信号;

③交流输入/输出信号。

直流模拟信号用于控制进给坐标轴和主轴的伺服控制或其他接收、发送模拟量信号;交流信号用于直接控制功率的执行器件。接收或发送模拟信号和交流信号需要专用的接口电路。应用最多的是直流数字输入输出信号。

接口电路的主要任务是:

①进行电平转换和功率放大。由于数控装置内的控制信号是 TTL 电平,要控制的设备或电路不一定是 TTL 电平,因此要进行电平转换和功率放大。

②为防止干扰引起的误动作,使用光电隔离器、脉冲变压器或继电器;使 CNC 和机床之间的信号在电气上加以隔离。

③采用模拟量传送时,在 CNC 和机床电气设备之间要接入数/模(D/A)和模/数(A/D)转换电路。

④信号在传输过程中,由于衰减、噪声和反射等原因,会发生畸变。为此要根据信号类别及传输线质量,采取一定措施并限制信号的传输距离。

4.2.3 *CNC 装置的数据转换信息*

计算机数控系统是一种位置控制系统。其本质是根据输入的数据段插补出理想的运动轨迹,然后输出到执行部件,加工出需要的零件。因此,数据处理、轨迹插补和伺服控制成为 CNC 的 3 个基本部分。

加工零件程序输入 CNC 系统后,紧接着的任务就是数据处理。数据处理的目的是进行插补运行前的准备。它主要包括译码、运动轨迹计算及速度 F 值计算 3 个部分。译码的作用是将输入的零件程序数据段翻译成本系统能识别的语言;运动轨迹计算是将工作轮廓轨迹转化为刀具中心的运动轨迹;F 值计算(速度计算)主要解决加工运动的速度问题。经过数据处理之后的数据段,由插补计算出理论位置,通过位置控制实现坐标轴的位置伺服。其数据转换流程如图 4.3 所示。图中的每一框中的变量表示进行一次数据变换后的结构。

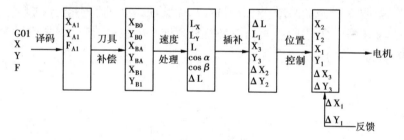

图 4.3 数据转换流程

4.3 CNC 装置的硬件结构

4.3.1 *CNC 装置的硬件结构特点*

CNC 装置是在硬件的支持下执行软件进行工作的。其控制功能在很大程度上取决于硬件结构。当控制功能相对简单时,多采用单微处理器结构。单微处理器结构的 CNC 装置大多采用以下两种结构形式:

①专用型。专用型 CNC 装置,其硬件是由制造厂专门设计和制造的,因此不具有通用性。其中又有大板结构和模块化结构之分。大板结构的 CNC 装置,是将主电路板做成大印刷电路板,其他电路板为小板,小板插在大板的插槽内形成的。模块结构的 CNC 装置,是将整个 CNC 装

置按功能划分为模块,每个功能模块制成尺寸相同的印刷电路板,各印刷电路板均插到母板的插槽中形成的。

②通用型。通用型 CNC 装置指的是采用工业标准计算机(如工业 PC 机)构成的 CNC 装置。只要装入不同的控制软件,便可构成不同类型的 CNC 装置,无须专门设计硬件,因而具有比较大的通用性,硬件故障维修方便。

为了满足高速化、复合化、智能化、系统化等要求,现代 CNC 装置多采用多微处理器结构,其主要特点是:

①多微处理器结构一般采用模块化结构,具有比较好的扩展性。

②多微处理器结构的 CNC 装置可提供多种供选择的功能,可以配置多种控制软件,因而可适用于多种机床的控制。

③由于新元器件(如超大规模集成电路)和新技术的使用,提高了系统的集成度和可靠性。

④具有很强的通信功能,能很方便地进入 FMS,CIMS。

⑤采用多种语言显示。

4.3.2　单微处理器结构

单微处理器结构的 CNC 装置,由于只有一个微处理器,因此多采用集中控制,分时处理的方式来完成数控的各项任务。有的 CNC 装置虽然有两个或两个以上的微处理器,但其中只有一个微处理器能够控制系统总线,占有总线资源,而其他微处理器不能控制系统总线,不能访问主存储器,只能作为一个智能部件工作,各微处理器组成主从结构,这种 CNC 装置也属于单微处理器结构。

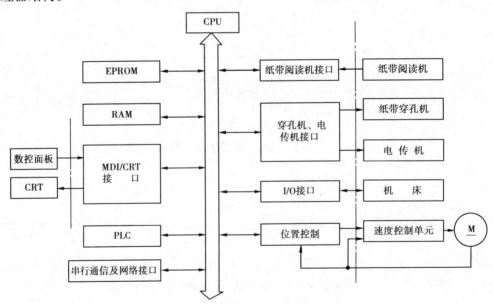

图 4.4　单微处理器 CNC 装置组成框图

单微处理器 CNC 装置的组成框图见图 4.4。微处理器(CPU)通过总线与存储器(RAM,EPROM)、可编程逻辑控制器(PLC)、位置控制器及各种接口,如纸带阅读机接口、纸带穿孔机和电传机接口(这 3 种现在已少用)、I/O 接口、MDI/CRT 接口等相连。由于所有数控功能,如数据存储、插补运算、输入/输出控制、显示等均由一个微处理器完成,因此,CNC 装置的功能将受微处理器的字长、数据宽度、寻址能力和运算速度等因素的限制。为了提高处理速度,增强数控功能,常采用以下一些措施来提高其运行速度。

采用协处理器(增强运算功能,提高运算速度);由硬件完成一部分插补工作(精插补);采用带有微处理器的 PLC 和 CRT 等智能部件。

经济型 CNC 装置常采用 8 位的微处理器芯片或采用单片机芯片(8 位或 16 位)作为微处理器,一般 CNC 装置通常采用 16 位或 32 位微处理器芯片。现在,有些 CNC 装置已采用 64 位微处理器芯片,以提高处理速度和处理能力。

CNC 装置的系统程序通常存放在可擦除的只读存储器 EPROM 中,采用专用的写入器将程序写入,程序一旦写入便可长期保存,写入的程序可以用紫外线擦除。常用的 EPROM 有2716,2732,2764,27128,27256 等。运算的中间结果存放在随机存储器 RAM 中,可以对其随机读写,但断电后信息随即消失。对于现代 CNC 装置,零件加工程序、数据和参数存放在带有后备电池的 RAM 中或磁泡存储器中,断电后信息仍能保存。

PLC 用以代替传统的机床强电继电器逻辑。通过程序进行逻辑运算来实现 M,S,T 功能的译码与控制,PLC 有内装型和独立型之分。内装型 PLC 是 CNC 装置的一个部件,可以共享CNC 装置的 CPU,也可以配置单独的 CPU。独立型 PLC 完全独立于 CNC 装置,本身具有完备硬件(如 CPU,ROM,RAM 及位操作控制器等)和软件,可以独立完成规定的控制任务。

CNC 装置中的位置控制模块与速度控制单元、位置检测及反馈控制等组成位置环。位置环主要用于轴进给的坐标位置控制,包括工作台的前后左右移动,主轴箱的移动及绕某一直线坐标轴的旋转运动等。轴控制性能的高低对数控机床的加工精度、表面粗糙度和加工效率影响极大。

CNC 装置作为单台机床设备的控制器,需要与数据输入输出设备、机床控制面板和强电柜、手摇脉冲发生器等相连。当 CNC 装置用作设备层或工作台层控制器组成分布式数控系统(DNC)或柔性制造系统(FMS)时,还要与上级主计算机或 DNC 计算机通信。因此,各种接口在 CNC 装置中占有十分重要的位置。

4.3.3　多微处理器结构

多微处理器 CNC 装置一般采用两种结构形式,即紧耦合结构和松耦合结构。在前一种结构中,由各微处理器构成处理部件,处理部件之间采取紧耦合方式,有集中的操作系统,共享资源。在后一种结构中,由各微处理器构成功能模块,功能模块之间采取松耦合方式,有多重操作系统,可以有效地实现并行处理。

多微处理器 CNC 装置多采用模块化结构,每个微处理器分管各自的任务,形成特定的功能单元,即功能模块。由于采用模块化结构,可以采取积木方式组成 CNC 装置,因此具有良好的适应性和扩展性,且结构紧凑。由于插件模块更换方便,因此,可使故障对系统的影响降到最低限度。与单微处理器 CNC 装置相比,多微处理器 CNC 装置的运算速度有了很大的提高,它适合于多轴控制、高进给速度、高精度、高效率的数控要求。

模块化结构的多微处理器 CNC 装置中的基本功能模块如下:

①CNC 管理模块　管理和协调整个 CNC 系统的工作,主要包括初始化、中断管理、总线裁决、系统出错识别和处理、系统软硬件诊断等功能。

②CNC 插补模块　完成插补前的预处理,如对零件程序的译码、刀具半径补偿、坐标位移量计算、进给速度处理等;进行插补计算,为各个坐标提供位置给定值。

③位置控制模块　对位置给定值与反馈检测文件测得的位置实际值进行比较,实现自动加减速、回基准点、伺服系统滞后量的监视和漂移补偿,最后得到速度控制的模拟电压,以便驱动进给电机。

④存储器模块　用来存放程序和数据的主存储器,或为功能模块间进行数据传送的共享存储器。

⑤PLC 模块　对零件程序中的开关功能和机床来的信号进行逻辑处理,实现机床电气与设备的启、停,刀具交换,主轴转数换挡,转台分度,加工零件和机床运转时间的计数,以及各功能、操作方式间的联锁等。

⑥指令、数据的输入输出及显示模块　该模块包括零件程序、参数和数据,各种操作命令的输入输出及显示所需要的各种接口电路,打印机接口,键盘、CRT 接口、通信接口等。

多微处理器 CNC 装置各模块之间的互联和通信主要采用共享总线和共享存储器两类结构。

①共享总线结构　将各功能模块插在配有总线插座的机箱内,由系统总线把各个模块有效地连接在一起,按照要求交换各种控制指令和数据,实现各种预定的功能。

在共享总线的结构中,挂在总线上的功能模块分为带有 CPU 或 DMA 器件的主模块和不带 CPU 或 DMA 器件的从模块(如各种 RAM/EPROM 模块、I/O 模块等),只有主模块才有权控制使用总线,而且某一时刻只能由一个主模块占有总线。在共享总线结构中,必须解决多个主模块同时请求使用总线的竞争问题。为此必须要有仲裁机构,当多个主模块争用总线时,判别出其优先权的高低。通常采用两种裁决方式:串行裁决方式和并行裁决方式。

在串行总线裁决方式中,由各主模块的链接位置来决定其优先权。某个主模块只有在前面优先权更高的主模块释放总线后,才能使用总线,同时通知它后面优先权较低的主模块不得使用总线。在并行总线裁决方式中,通常采用由优先权编码器和译码器等组成的专门逻辑电路来解决各主模块使用总线优先权的判别问题。

在共享总线结构中,多采用公共存储器方式进行各模块之间的信息交换。公共存储器直接挂在系统总线上,各主模块都能访问,可供任意两个主模块交换信息。共享总线结构的框图如图 4.5 所示。

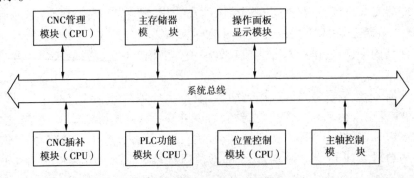

图 4.5　共享总线结构框图

共享总线结构系统配置灵活,结构简单,容易实现,无源总线造价低,因此经常被采用。该种结构的缺点是由于各主模块使用总线时会引起"竞争"而使信息传输效率降低,总线一旦出现故障就会影响全局。

②共享存储器结构　采用多端口存储器来实现各微处理器之间的互联和通信,每个端口都配有一套数据、地址、控制线,以供端口访问,由专门的多端口控制逻辑电路解决访问的冲突问题。图4.6所示为具有4个微处理器的共享存储器结构框图。当微处理器数量增多时,往往会由于争用共享而造成信息传输的阻塞,降低系统效率,因此这种结构功能扩展比较困难。

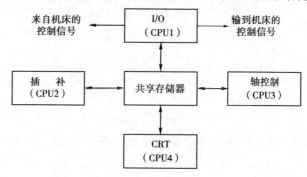

图4.6　共享存储器结构框图

多微处理器 CNC 装置结构特点:

①计算处理速度高　多微处理器结构中的每一个微处理器完成系统中指定的一部分功能,独立执行程序,并行运行,比单微处理器提高了计算处理速度。它适应多轴控制、高进给速度、高精度、高效率的数控要求。由于系统共享资源,性能价格比也较高。

②可靠性高　由于系统中每个微处理器分管各自的任务,形成若干模块,插件模块更换方便,可使故障对系统影响减到最小。共享资源省去了重复部件,不但降低造价,而且提高了可靠性。

③有良好的适应性和扩展性　多微处理器的 CNC 装置大都采用模块化结构。可将微处理器、存储器、输入输出控制组成独立微型计算机级的硬件模块,相应的软件也是模块结构,固化在硬件模块中。硬软件模块形成一个特定的单元,称为功能模块。功能模块间有明确定义的接口,接口是固定的,成为工厂标准或工业标准,彼此可以进行信息交换。于是可以积木式组成 CNC 装置,使设计简单,有良好的适应性和扩展性。

④硬件易于组织规模生产　一般硬件是通用的,容易配置,只要开发新的软件就可以构成不同的 CNC 装置,便于组织规模生产,保证质量,形成批量。

4.4　CNC 装置的软件结构

4.4.1　CNC 装置的多任务并行处理

CNC 装置作为一个独立的过程控制单元用于自动加工中,其系统软件必须完成管理和控制两项任务。CNC 装置的管理任务包括输入、I/O 处理、显示、诊断等,控制任务包括译码、刀

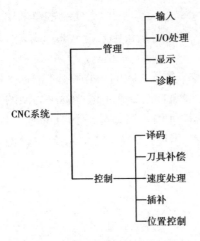

图 4.7　CNC 装置的任务分解图

具补偿速度处理、插补、位置控制等,如图 4.7 所示。

在许多情况下,CNC 装置中的管理和控制的某些工作必须同时进行,即所谓的并行处理,这是由 CNC 装置的工作特点所决定的。例如,当 CNC 装置工作在加工控制状态时,为了使操作人员及时了解 CNC 系统的工作状态,显示任务必须与控制任务同时执行。在控制加工过程中,I/O 处理是必不可少的,因此控制任务需要与 I/O 处理任务同时执行。无论是输入、显示、I/O 处理,还是加工控制都应伴随有故障诊断、可见输入、显示、I/O 处理、加工控制等任务应与诊断任务同时执行。在控制软件运行中,其本身的各项处理任务也需要同时执行。如为了保证加工的连续性,即各程序段间进给运动不停顿,译码、刀具补偿和速度处理任务需要和插补任务同时执行,插补任务又需要和位置控制任务同时进行。图 4.8 表示出了各任务之间的并行处理关系。图中,双箭头表示两任务之间有并行处理关系。

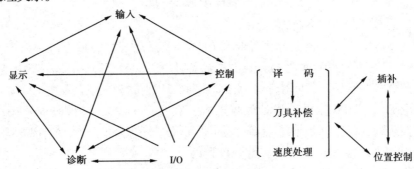

图 4.8　任务并行处理图

4.4.2　前后台型软件结构

CNC 软件可以设计成不同的结构形式。不同的软件结构,对各任务的安排方式、管理方式也不同,常见的 CNC 软件结构形式有前后台型软件结构和中断型软件结构。前后台型软件结构适合于采用集中控制的单微处理器 CNC 装置。在这种软件结构中,前台程序为了实时中断程序,承担了几乎全部实时功能,这些功能都与机床动作直接相关,如位置控制、插补辅助功能处理、面板扫描及输出等。后台程序主要用来完成准备工作和管理工作,包括输入、译码、插补准备及管理等,通常称为背景程序。背景程序是一个循环运行程序,在其运行过程中实时中断程序不断插入,前后台程序相互配合完成加工任

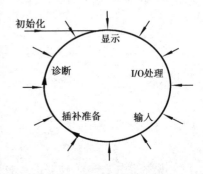

图 4.9　前后台型软件结构

务。如图4.9所示,程序启动后,运行完初始化程序即进入背景程序环;同时开放定时中断,每隔一固定时间间隔发生一次定时中断,执行一次中断服务程序。就这样,中断程序和背景程序有条不紊地协调工作。

前后台型软件结构的CNC装置在运行过程中的调度管理功能由背景程序完成,如图4.10所示。

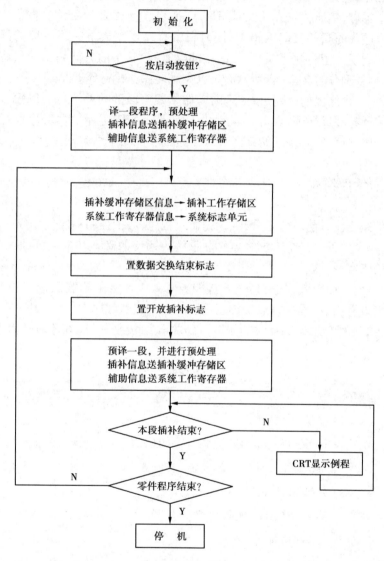

图4.10　背景程序的调度管理功能

图4.10中的程序框图是一个简化程序框图。系统初始化后等待启动按钮的按下。启动按钮按下后,对第一个程序段译码,进行预处理,完成轨迹计算和速度计算,得到插补所需要的各种参数,如刀心轨迹的起点、终点坐标,刀具中心的位移量、圆弧插补时圆心的各坐标分量等。并将所得参数送插补缓冲存储区保存,若有辅助功能码(M,S,T),则将其送系统工作寄存器保存。接下来,将插补缓冲存储区的内容送插补工作存储区,系统工作寄存器中的辅助功能码送至系统标志单元,以供使用。完成交换后设置标志(数据交换结束标志、开始插补标

志）。标志设置之前，尽管定时中断照常发生，但并不执行插补及辅助信息处理等，仅执行一些例行的扫描、监控等功能。只有在标志设置之后，实时中断程序才能进行插补、伺服输出、辅助功能处理，同时开始对下一段程序进行译码、预处理。系统必须保证在当前程序插补过程中完成下段程序的译码和预处理，否则将会出现加工中经过运动停顿现象。上述表明，背景程序是通过设置标志，来达到对实时中断程序的管理和控制的。

自设立两个标志，到插补完成这段时间里，CNC 装置工作最为繁忙。在这段时间里，中断程序在进行本程序段的插补及伺服输出，同时背景程序要完成下一程序段的译码和预处理。亦即在一个插补周期内，实时中断程序开销一部分时间，其余的时间留给背景程序。插补、伺服输出与译码、预处理分时共享（占用）CPU，以完成多任务并行处理。

如上所述，下一程序段的译码、预处理时间比本程序段的插补运行时间短，因此在背景程序中有一个等待插补完成循环，在等待过程中不断进行 CRT 显示。本程序段插补加工结束，但整个零件加工未结束，则系统开始新的循环。整个零件加工结束则停机。

4.4.3 中断型软件结构

中断型软件结构没有前后台之分，除了初始化程序外，把控制程序安排成不同优先级别的中断服务程序，整个软件是一个大的多重中断系统。系统的管理功能主要通过各级中断服务程序之间的通信来实现。表 4.1 表示出了一个典型的 CNC 系统中断型软件结构，除初始化程序外，控制程序分为 8 级中断程序，具体安排如表 4.1 中 7 级中断级别最高，0 级中断级别最低。由表 4.1 可以看出，位置控制被安排在级别较高的中断程序中，其原因是刀具运动的实时性要求最高，CNC 装置必须提供及时的服务。CRT 显示级别最低，在不发生其他中断的情况下才进行显示。

表 4.1　中断型软件结构

中断级别	主要功能	中断源
0	控制 CRT 显示	硬件
1	译码、刀具中心轨迹计算、显示处理	软件，16 ms 定时
2	键盘监控、I/O 信号处理、穿孔机控制	软件，16 ms 定时
3	外部操作面板、电传打字机处理	硬件
4	插补计算、终点判别及转段处理	软件，8 ms 定时
5	阅读机中断	硬件（或软件）
6	位置控制	4 ms 硬件时钟
7	测试	硬件

4.5 数控系统常用接口

4.5.1 数控机床输入输出(I/O)接口

数控机床 I/O 接口主要用来接收机床操作面板上的开关、按钮信号以及机床的各种限位开关信号,还用来把各种数控机床工作状态指示灯信号送到机床操作面板,把控制数控机床动作的信号送到强电柜。数控机床 I/O 接口是在 CNC 装置与数控机床及操作面板之间进行信号传递不可缺少的环节,其作用和要求是:

①进行必要的电隔离,以防止干扰信号以及高压串入对 CNC 装置的损坏。

②进行电平转换和功率放大。CNC 装置的信号通常是 TTL 电平信号,而数控机床的控制信号往往不是 TTL 电平信号,而且有的负载比较大,因此,往往需要进行必要的信号电平转换和功率放大。

下面介绍数控机床 I/O 接口中常用的器件及电路。

(1)光电耦合器

光电耦合器是一种用得很广泛的 I/O 接口器件,这是由它的特点所决定的。

①光电耦合器用光传递信号,因此可以使输入与输出在电气上完全隔离,抗干扰能力强,特别是抗电磁干扰能力强。

②可用于电位不同的电路间的耦合,即可进行电平转换。

③传递信号是单方向的,寄生反馈小,传递信号的频带宽。

④响应速度快,易与逻辑电路配合。

⑤无触点,耐冲击,寿命长,可靠性高。

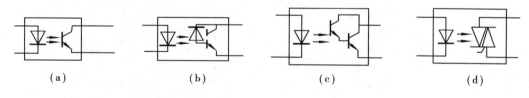

(a)   (b)   (c)   (d)

图 4.11 常用光电耦合器
(a)普通型光电耦合器   (b)高速型光电耦合器
(c)达林顿输出光电耦合器   (d)可控硅输出光电耦合器

常用的光电耦合器如图 4.11 中。图 4.11(a)为普通的用作信号隔离的光电耦合器。它以发光二极管为输入端,光敏三极管为输出端,这种光电耦合器一般用来传递频率在 100 kHz 以下的信号。图 4.11(b)所示的光电耦合器,其输出部分采用 PIN 型光敏二极管和高速开关管组合的复合结构,因此具有较高的响应速度。图 4.11(c)所示的光电耦合器,输出部分由光敏三极管和放大三极管构成达林顿输出,使其增益得到很大提高,因而可以用来直接驱动中、小功率的负载。图 4.11(d)所示的光电耦合器,其输出部分为光控晶闸管(有单、双向两种形式),常在交流大功率的隔离驱动中使用。

(2)固态继电器(SSR)

固态继电器是由输入电路、隔离部分和输出电路组成的四端组件。施加触发信号则回路呈导通状态;无信号则呈阻断状态。固态继电器不仅实现了控制回路(输入端)与负载回路(输出端)之间的电隔离及信号耦合,而且具有小信号对大功率负载的驱动能力。与电磁继电器相比,由于固态继电器是由固态元件组成的无触点开关器件,因而具有工作可靠,寿命长,对外界干扰小,能与逻辑电路兼容,抗干扰能力强,开关速度快,使用方便等特点。

为了能够正确使用固态继电器,应对以下应用特性给予考虑:

①DC SSR 用于控制直流负载,AC SSR 用于控制交流负载。对交流负载的控制有过零和调相之分。

②固态继电器和其他电子开关一样,具有一定的导通压降和阻断漏电流,其值与产品型号规格有关。

③负载短路易造成固态继电器的损坏,对此应特别给予注意。

④必须考虑瞬态过电压和瞬态电压变化率(du/dt)对固态继电器的影响。部分固态继电器产品内部已设置有瞬态抑制网络。必要时可在外部设置适当的瞬态抑制电路。

固态继电器采用逻辑"1"输入驱动,国产的一些固态继电器要求 0.5 ~ 20 mA 的驱动电流,最小工作电压可为 3 V,因此,可以直接由 TTL 电路(如 54/74,54H/74H,54S/74S 等系列)驱动。若采用 CMOS 电路,则需要加缓冲驱动器。

(3)接口驱动电路

微机 I/O 口的驱动能力有限,不足以驱动数控机床的各类负载,必须对 TTL 等逻辑电路输出的电流或电压进行放大,方可驱动有关负载。驱动电路可以采用分立元件组成。常用的电路有以下几种:

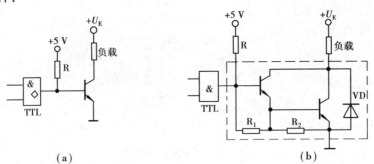

图 4.12　几种功率开关电路

1)功率晶体管驱动电路

晶体管作为开关元件使用时,其输出电流等于输入电流与增益之积。如果采用较低增益的晶体管,要获得大电流输出,则要求前级提供足够大的电流,这时,需要用集电极开路的缓冲器提供所需的驱动电流,见图 4.12(a)。开关晶体管在饱和导通或截止状态时功耗很小,但在开关过程中,会因同时出现高电压、大电流而使瞬时功耗超过静态功耗几十倍,因此,在使用开关晶体管驱动时,应该保证其电压、电流、静态功耗与瞬时功耗均不超过允许值。

2)达林顿晶体管驱动电路

采用开关晶体管组成驱动电路时,为了获得足够大的驱动电流,常采用多级放大以提高增益。达林顿晶体管具有高输入阻抗和极高增益,因此可以获得比较大的输出电流。如图4.12(b)所示的驱动电路,功率开关驱动管是由两个晶体管直接耦合组成的达林顿晶体管,其增益等于原来两个晶体管增益的乘积。图中,R_1,R_2用于稳定电路的工作状态,二极管 V_D 起保护作用用来钳制输出低电平时可能发生的反向过冲电压。

　　3)功率场效应管(VMOS)

　　早先的功率场效应管采用 V 型槽结构,故简称 VMOS 管。现在已采用先进的 T 型槽结构,简称 TMOS 管,但国内仍沿用 VMOS 管的名称。其特点是:具有很高的输入电阻(10^8 Ω 左右),要求的输入功率非常小,可以直接由 TTL,CMOS,运算放大器等器件驱动;开关速度很快,达毫微秒级,适合在高速、高频下工作;不会出现二次击穿,有很宽的安全工作区;其源漏电流呈负温度特性,可多管并联工作而无需均流电阻;线性好,增益高,失真很小。因此是一种比较理想的功率器件。功率场效应管驱动电路如图4.12(c)所示。除了采用分立元件组成驱动电路外,目前还广泛采用集成驱动器。它与分立元件组成的驱动器相比,集成驱动器具有体积小、可靠性高等优点。

　　(4)I/O 接口电路实例

　　图4.13 为常用的输入输出电路。光电耦合器起隔离和电平转换作用。如图4.13(a)所示输入电路中,RC 电路用于消除抖动。图4.13(b)为常用输出电路。

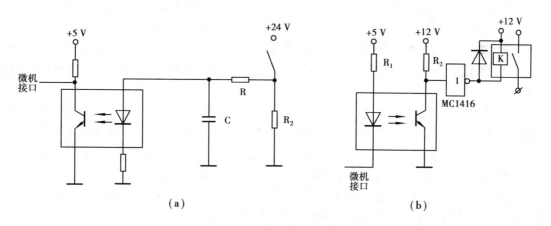

图4.13　常用输入输出电路
(a)输入电路　(b)输出电路

4.5.2　异步串行通信接口

　　数据在设备间的传送可用串行方式或并行方式。相距较远的设备数据传送采用串行方式。串行接口需要有一定的逻辑,将机内的并行数据转换成串行信号后再传送出去,接收时,也要将收到的串行信号经过缓冲器转换成并行数据,再送至机内处理。常用芯片8251A,MC6850,6852 等,可以实现这些功能。

　　为了保证数据传送的正确和一致,接收和发送数据双方应确定互相遵守的约定,包括定时、控制、格式化和数据表示方法等。这些约定通常称为通信规则（Procedure）或通信协议（protocol）。串行传送分为异步协议和同步协议两种。异步传送比较简单，但速度不快。同步协议传送率高，但接口结构复杂，传送大量数据时使用。

异步串行传送在数控机床上应用比较广泛，现在主要的接口标准有 RS-232C/20 mA 电流环和 RS- 422/RS- 449。CNC 装置中 RS-232C 接口（见图 4.14）用以连接输入输出设备（PTR，PP 或 TTY），外部机床控制面板或手摇脉冲发生器；传输速率不超过 9 600 bit/s，使用RS-232C接口时要注意如下问题：

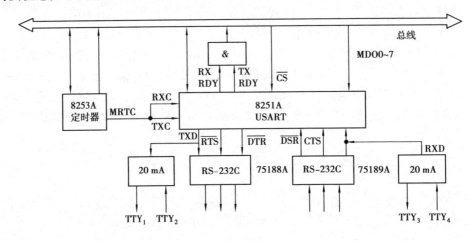

图 4.14　CNC 装置中标准的 RS-232C/20 mA 接口

①RS-232C 规定了数据终端设备（DTE）和数据通信设备（DCE）之间的信号联系关系，故要区分互相通讯的设备是 DTE，还是 DCE。计算机或终端设备为 DTE；自动呼叫设备、调制解调器、中间设备等为 DCE。

②RS-232C 有两个地。一个是机壳地，它直接连到系统屏蔽罩上；另一个是信号地，这个地必须联到一起，它是对所有信号提供一个公共参考点。但信号地不一定与机壳绝缘，这是 RS-232C 潜在的一个问题，造成长距离传输不可靠。一般一对器件间电缆总长不得超过30 m。

③RS-232C 规定的电平与 TTL 和 MOS 电路电平均不相同。RS-232C 规定逻辑"0"至少为 3 V，逻辑"1"，为 – 3 V 或更低。电源通常采用 ± 12 V 或 ± 15 V。输出驱动器通常采用 75188 或 MC1488；输入接收器采用 75189 或 MC1489。传输频率不超过 20 kHz。

CNC 的 20 mA 电流环通常与 RS-232C 一起配置，过去它主要用于连接电传打字机和纸带穿孔复校设备。该接口特点是电流控制，以 20 mA 电流作为逻辑"1"，零电流为逻辑"0"，在环路中只有一个电源。电流环对共模干扰有抑制作用，并可采用隔离技术消除接地回路引起的干扰，传输距离比 RS-232C 远。

电流环的电路见图 4.15，工作原理是：

输入信号（TTY3 ~ TTY4）经光电隔离和75189A 整形后送至 8251A 的接收端 RXD。输出时，由 8251A 的 TXD 端输出经光电隔离 D31 与 TTYI ~ TTY2 相连。当 TXD 输出为"1"时，光电隔离 D31 断开，使晶体管 T 导通，20 mA 电流从 + 12 V 电源，经 R_8，TTY1 和 TTY2 环路流动，相当逻辑"1"。

为了弥补 RS-232C 的不足，提出了新的接口标准 RS- 422/RS- 449，RS- 422 标准规定了双

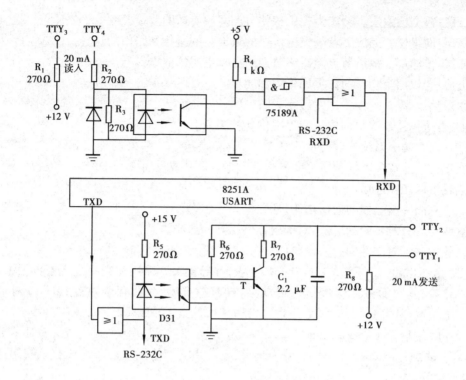

图 4.15　20 mA 电流环电路

端平衡电气接口模块。RS-449 规定了这种接口的机械连接标准,采用了 37 脚的连接器,与 RS-232C 的 25 脚插座不同。它采用双端(即一个信号的正信号和反信号)驱动器发送信号,用差分接收器接收信号,能抗传送过程的共模干扰,保证更可靠,更快速的数据传送,还允许线路有较大的信号衰减,这样传送频率比 RS-232C 高得多,传送距离也远得多。

4.5.3　网络通信接口

随着制造技术的不断发展,对网络通信要求越来越高。计算机网络是由通信线路,根据一定的通信协议互联起来的独立自主的计算机的集合。联网中的各设备应能保证高速和可靠的传送数据和程序。在这种情况下,一般采取同步串行传送方式,在 CNC 装置中设有专用的微处理机的通信接口,完成网络通信任务。现在网络通信协议都采用以 ISO 开放式互联系统参考模型的 7 层结构为基础的有关协议,或采用 IEEE 802 局部网络有关协议。近年来,MAP (Manufacturing Automation Protocol)制造自动化协议已很快成为应用于工厂自动化的标准工业局部网络的协议。FANUC,Siemens,A-B 等公司,在它们生产的 CNC 装置中可以配置 MAP2.1 或 MAP3.0 的网络通信接口。工业局部网络(LAN)在距离上有限制(几千米),要求较高的传输速率,较低的误码率,可以采用各种传输介质(如电话线、双绞线、同轴电缆和光导纤维等)。

ISO 的开放式互联系统参考模型(OSI/RM)是国际标准组织提出的分层结构的计算机通信协议的模型。这一模型是为了使世界各国不同厂家生产的设备能够互联,它是网络的基础。该通信协议模型有 7 个层次:

第一层:物理层。功能为相邻节点间传送信息及编码。

第二层:数据链路层。功能为提供相邻节点间帧传送的差错控制。

第三层:网络层。完成节点间数据传送的数据包的路径和路由的选择。

第四层:传输层。提供节点至最终节点间可靠透明的数据传送。

第五层:会议层。功能为数据的管理和同步。

第六层:表示层。功能为格式转换。

第七层:应用层。直接向应用程序提供各种服务。

通信一定在两个系统的对应层次内进行,而且要遵守一系列的规则和约定。OSI/RM 最大优点在于有效地解决了异种机之间的通信问题。不管两个系统之间差异有多大,只要具有下述特点就可以相互通信。

①它们完成一组同样的通信功能。

②这些功能分成相同的层次,对等层提供相同的功能。

③同等层必须遵守共同的协议。

局部网络标准由 IEEE802 委员会提出建议,并已被 ISO 采用。它只规定了数据链路层和物理层的协议,其数据链路层包括逻辑链路控制(LLC)和介质存取控制(MAC)两个子层。MAC 子层根据采用的 LAN 技术又分为:CSMA/CD 总线(IEEE802.3)、令牌总线(Token Bus IEEE802.4)、令牌环(Token Ring IEEE802.5)。物理层也包括两个子层:介质存取单元(MAU)和传输载体(Carrier)。MAU 分为基带、载带和宽带传输。传输载体有双绞线、同轴电缆、光导纤维等。

MAP 是美国 GM 公司发起研究和开发的应用于工厂车间环境的通用网络通信标准。目前已成为工厂自动化的通信标准,为许多国家和企业接受。它的特点是:

①网络为总线结构,采用适用于工业环境的令牌通行网络访问方式。

②采用了适应工业环境的技术措施,提高了可靠性。如在物理层采用宽带技术及同轴电缆以抗电磁干扰,传输层采用高可靠的传输服务。

③具有较完善的明确而针对性强的高层协议,以支持工业应用。

④具有较完善的体系和互联技术,使网络易于配置和扩展。低层应用可配最小 MAP(只配数据链路层、物理层和应用层),高层次应用可配备完整的 MAP(包括 7 层协议)。

⑤适合 CIM 开发应用。

现在有些 CNC 装置已有 MAP2.1,MAP3.0 接口板及其配套产品,可用于 CNC 系统的网络通信。

4.6　可编程控制器在数控机床中的应用

4.6.1　PLC 概述

(1)PLC 的结构

PLC(可编程控制器)的结构包括硬件和软件两大部分。PLC 的硬件构成如图 4.16 所示。它是一种通用的可编程控制器,主要由中央处理单元 CPU、存储器、输入/输出(I/O)模块以及供电电源组成。由于 PLC 实现的任务主要是动作速度要求不特别快的顺序控制,因此,在一般情况下,不需使用高速微处理器。另外,它的硬件设备是通用的,用户只要按需要组合,并改变在存储器内的程序,就可以用于各种类型的数控机床。PLC 的各部分都通过总线连接起来。

（2）PLC 的编程方法

由于 PLC 的硬件结构不同,功能也不尽相同,因此程序的表达方法(即编程方法)也不同。PLC 的编程方法主要有以下几种。

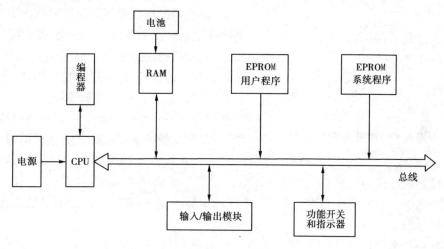

图 4.16　PLC 结构

1）接点梯形图

用梯形图(LD——Ladder Diagram)法编程与传统的继电器电路图的设计很相似,用电路元件符号来表示控制任务直观易理解。如图 4.17 所示,该接点梯形图由表示常开接点、常闭接点和继电器线圈的相应符号及地址构成,它们按一定的逻辑关系(如图中的并联——"或"关系,串联——"与"关系)组成了一个顺序控制程序。梯形图的结构是:左右二条竖直线称为"电力轨",电力轨和电力轨之间的节点(或称按点、触点)、线圈(或称继电器线圈)、功能块(功能指令,图中没画)等构成一个网络(即一条或几条支路)或多个网络,一个网络称为一个"梯级"(Rung)。每个梯级由一行或数行构成。图 4.17 中,梯级 1 由两行(二

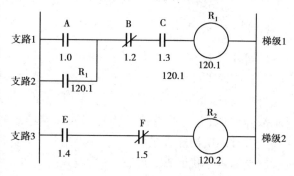

图 4.17　接点梯形图

个支路)组成,梯级 2 由一行(一条支路)组成。每条支路(梯级)最右端的继电器线圈表示该支路的终点,它表示输出或中间存储,其状态有两种:接通("1") 和断开("0"),这个状态取决于对该梯级左边扫描的结果。图中的线圈不是实际继电器线圈,而是 PLC 存储器的某一位,也称软继电器。每个梯形图都由多条支路横向排列组成,如同梯子,故称梯形图。应用在编程器上的各指令或功能键,可将整个梯形图输入 PLC。

2）语句表

语句表也称指令表(IL——Instruction List),或叫指令表语言。用指令语句编程时,要理解每条指令的功能和用法。每一个语句包含有一个操作码部分和一个操作数部分。操作码表示要执行的功能类型,操作数表示到哪里去操作,它由地址码和参数组成。

这种编程方法紧凑、系统化,但比较抽象,有时先用梯形图表达,然后写成相应的指令语句输入。

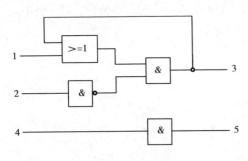

图4.18　逻辑功能图

3)控制系统流程图

控制系统流程图(CSF——Control System Flowchart)也就是逻辑功能图。用逻辑功能图编程与用半导体逻辑电路中的逻辑方块图表示顺序动作相似,每一个功能都使用一个运算方块表达,其运算功能由方块内的符号决定。如图4.18所示,&表示逻辑"与"运算,>=1表示逻辑"或"运算。与方块图功能有关的输入,如来自外部输入装置的接点,画在方块图的左侧;输出(如执行机构、继电器、接触器、电磁阀或信号指示灯等)画在方块的右边。在输入左边和输出右边分别写明运算地址码和地址参数。这种编程方法易于描述较为复杂的逻辑功能,表达也很直观,且容易查错。缺点是须采用带显示屏的编程器。在用户程序的编制中,应用梯形图方法编程最为普遍,语句表法的使用也较多。

随着数控技术的发展,PLC控制的设备已由单机扩展到FMS,FA等。PLC处理的信息除直流开关量信号、模拟量信号、交流信号外,还需要完成与上位机或下位机的信息交换。某些信息的处理已不能采用顺序执行的方式,而必须采用高速实时处理方式。基于这些原因,计算机所用的高级语言便被引用到了PLC的应用程序中来。

编制顺序程序的设备有编程器、编程机、具有PLC编程功能的CNC系统和个人计算机。

(3)PLC的特点

1)可靠性高

PLC的硬件采取了屏蔽措施,电源采用了多级滤波环节,并在CPU和I/O回路之间采用了光电隔离,提高了硬件可靠性。在软件方面,PLC采用了故障自诊断方法,一旦发现故障,就显示故障原因,并立即将信号状态存入存储器进行保护。当外界条件恢复正常时,可继续工作。它没有继电器那种接触不良、触点熔焊、磨损和线圈烧断等故障,运行中无振动、无噪音,具有较强的抗干扰能力,可以在环境较差的条件下稳定、可靠地工作。

2)功能完善,性能价格比高

由于PLC是介于继电器控制和计算机控制之间的自动控制装置,所以PLC不仅有逻辑运算的基本功能和控制功能,还具有四则运算和数据处理(如比较、判别、传递和数据变换等)等功能。PLC具有面向用户的指令和专用于存储用户程序的存储器,用户控制逻辑由软件实现,这样使PLC适用于控制对象动作复杂、控制逻辑需要灵活变更的场合。有的PLC还具有旋转控制、数据表检索等功能,使数控机床复杂的刀库控制程序变得很简单。PLC已系列化、模块化,可以根据需要经济地进行组合,因而使性能价格比得到提高。

3)容易实现机电一体化

由于 PLC 结构紧凑,体积小,容易装入机床内部或电气柜内,实现机电一体化。

4)编程简单

大多数 PLC 都采用梯形图方法编程,形象直观,原理易于理解和掌握,编程方便。PLC 可以与专用编程机、编程器以及个人计算机等设备连接,可以很方便地实现程序的显示、编辑、诊断和传送等操作。

5)操作维护容易

PLC 信息通过总线或数据传送线与主机相连,调试和操作方便。PLC 采用模块化结构,如有损坏,即可更换。

(4)数控机床中的 PLC 功能

1)CNC,PLC 与机床之间的信号处理过程

PLC 代替传统的机床强电顺序控制的继电器逻辑,利用逻辑运算实现各种开关量控制。在信息传递过程中,PLC 处于 CNC 和机床之间。CNC 装置和机床之间的信号传送处理主要包括 CNC 装置至机床和机床向 CNC 装置传送两个过程。

CNC 装置→机床:

①CNC 装置控制程序将输出数据写到 CNC 装置的 RAM 中。

②CNC 装置的 RAM 数据传送给 PLC 的 RAM 中。

③由 PLC 的软件进行逻辑运算处理。

④处理后的数据仍在 PLC 的 RAM 中,对内装型 PLC,存在 PLC 存储器 RAM 中已处理好的数据再传回 CNC 装置的 RAM 中,通过 CNC 装置的输出接口送至机床;对独立型 PLC,其 RAM 中已处理好的数据通过 PLC 的输出接口送至机床。

机床→CNC 装置:

对于内装型 PLC,信号传送处理如下:

①从机床输入开关量数据,送到 CNC 装置的 RAM。

②从 CNC 装置的 RAM 传送给 PLC 的 RAM。

③PLC 的软件进行逻辑运算处理。

④处理后的数据仍在 PLC 的 RAM 中,并被传送到 CNC 装置的 RAM 中。

⑤CNC 装置软件读取 RAM 中数据。

对于独立型 PLC,输入的第一步,数据通过 PLC 的输入接口送到 PLC 的 RAM 中,然后进行上述的第 3 步,以下均相同。

2)数控机床中的 PLC 功能

PLC 在数控机床中主要实现 M,S,T 等辅助功能。

主轴转速 S 功能用 S 二位或 S 四位代码指定。如用 S 四位代码,则可用主轴速度直接指定;如用 S 二位代码,应首先制订二位代码与主轴转速的对应表,通过 PLC 处理可以比较容易地用 S 二位代码指定主轴转速。CNC 装置送出 S 代码(如二位代码)进入 PLC,经过电平转换(独立型 PLC)、译码、数据转换、限位控制和 D/A 变换,最后输给主轴电机伺服系统。其中限位控制是使当 S 代码对应的转速大于规定的最高转速时,限定在最高转速。当 S 代码对应的转速小于规定的最低速度时,限定在最低转速。为了提高主轴转速的稳定性,增大转矩,调整转速范围,还可增加 1~2 级机械变速挡。通过 PLC 的 M 代码功能实现。

刀具功能 T 由 PLC 实现,特别是对加工中心的自动换刀的管理带来了很大的方便。自动换刀控制方式有固定存取换刀方式和随机存取换刀方式,它们分别采用刀套编码制和刀具编码制。对于刀套编码的 T 功能处理过程是:CNC 装置送出 T 代码指令给 PLC,PLC 经过译码,在数据表内检索,找到 T 代码指定的新刀号所在的数据表的表地址,并与现行刀号进行判别比较。如不符合,则将刀库回转指令发送给刀库控制系统,直到刀库定位到新刀号位置时,刀库停止回转,并准备换刀。

PLC 完成的 M 功能是很广泛的。根据不同的 M 代码,可控制主轴的正反转及停止,主轴齿轮箱的变速,冷却液的开、关,卡盘的夹紧和松开,以及自动换刀装置机械手取刀、归刀等运动。

PLC 给 CNC 的信号,主要有机床各坐标基准点信号,M,S,T 功能的应答信号等。PLC 向机床传递的信号,主要是控制机床执行件的执行信号,如电磁铁、接触器、继电器的动作信号以及确保机床各运动部件状态的信号及故障指示。

机床给 PLC 的信息,主要有机床操作面板上各开关、按钮等信息,其中包括机床的起动、停止,机械变速选择,主轴正转、反转、停止,冷却液的开、关,各坐标的点动和刀架、夹盘的松开、夹紧等信号,以及上述各部件的限位开关等保护装置、主轴伺服保护状态监视信号和伺服系统运行准备等信号。

PLC 与 CNC 之间及 PLC 与机床之间信息的多少,主要按数控机床的控制要求设置。几乎所有的机床辅助功能,都可以通过 PLC 来控制。

4.6.2 PLC 在数控机床上的应用举例

数控机床的控制部分,可以分为数字控制和顺序控制两大部分。数字控制部分控制刀具轨迹,而顺序控制部分控制辅助机械动作。它接受以二、十进制代码表示的 M,S,T 等机械顺序动作信息,经过信号处理,使执行环节做相应的开关动作。

使用 PLC 可以代替传统的继电器逻辑控制实现数控机床的顺序控制。代替 RLC 克服了上面的缺点。PLC 是由计算机简化而来的,为了适应顺序控制的要求,PLC 省去了计算机的一些数字运算功能,而强化了逻辑运算功能,是一种介于继电器控制和计算机控制之间的自动控制装置。PLC 代替数控机床上的继电器逻辑,使顺序控制的控制功能、响应速度和可靠性大大提高。

图 4.19 是控制主轴运动的局部梯形图。这是用 PLC 控制系统代替主轴运动的继电器电气控制系统的例子。图中包括主轴旋转方向控制(顺时针旋转或逆时针旋转)、轮换挡控制(低速挡或高速挡)。控制方式分手动和自动两种工作方式。当机床操作面板上的工作方式开关选在手动时,HS. M 信号为 1,此时,自动工作方式信号 AUTO 为 0(梯级 1 的 AUTO 常闭软接点为"1")。由于 HS. M 为 1,软继电器 HAND 线圈接通,使梯级 1 中的 HAND 常开软接点闭合,线路自保,从而处于手动工作方式。

在"主轴顺时针旋转"梯级中,HAND = "1",当主轴旋转方向旋钮置于主轴顺时针旋转位置时,CW. M(顺转开关信号) = "1",又由于主轴停止旋钮开关 OFF. W 没接通,SPOFF 常闭接点为"1",使主轴手动控制顺时针旋转。

当逆时针旋钮开关置于接通状态时,和顺时针旋转分析方法相同,使主轴逆时针旋转。

由于主轴顺转和逆转继电器的常闭触点 SPCW 和 SPCCW 互相接在对方的自保线路中,再加上各自的常开触点接通,使之自保并互锁。同时 CW. M 和 CCW. M 是一个旋钮的两个位置也起互锁作用。

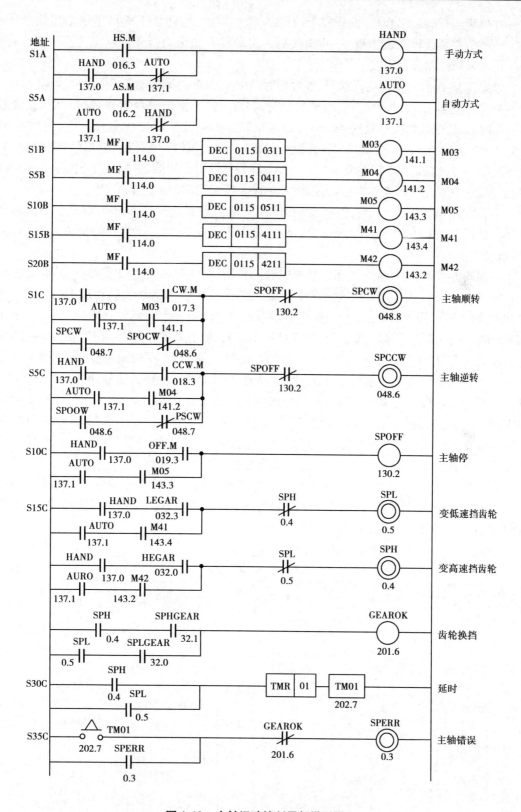

图 4.19　主轴运动控制局部梯形图

在机床运行的顺序程序中,需执行主轴齿轮换挡时,零件加工程序上应给出换挡指令。M41 代码为主轴齿轮低速挡指令,M42 代码为主轴齿轮高速挡指令。以变低速挡齿轮为例,说明自动换挡控制过程。

带有 M41 代码的程序输入执行,经过延时,MF = 1,DEC 译码功能指令执行,译出 M41 后,使 M41 软继电器接通,其接在"变低速挡齿轮"梯级中的软常开触点 M41 闭合,从而使继电器 SPL 接通,齿轮箱齿轮换在低速挡。SPL 的常开触点接在延时梯级中,此时闭合,定时器 TMR 开始工作。经过定时器设定的延时时间后,如果能发出齿轮换挡到在"主轴停"梯级中,把主轴停止旋钮开关接通(即 OFF. M = "1"),使主轴停软继电器线圈通电,常闭软触点(分别接在主轴顺转和主轴逆转梯级中)断开,从而,主轴停止转动(正转或逆转)。

工作方式开关选在自动位置时,此时 AS. M = "1",使系统处于自动方式(分析方法和主轴手动方式同)。由于手动、自动方式梯级中软继电器的常闭触点互相接在对方线路中,使手动、自动工作方式互锁。

在自动方式下,通过程序给出主轴顺时针旋转指令 M03,或逆时针旋转指令 M04,或主轴停止旋转指令 M05,分别控制主轴的旋转方向和停止。图中 DEC 为译码功能指令。当零件加工程序中有 M03 指令,在输入执行时经过一段时间延时(约几十毫秒),MF = "1",开始执行DEC 指令,译码确认为 M03 指令后,M03 软继电器接通,其接在"主轴顺转"梯级中的 M03 软常开触点闭合,使继电器 SPCW 接通(即为"1"),主轴顺时针(在自动控制方式下)旋转。若程序上有 M04 指令或 M05 指令,控制过程与 M03 指令类似。位开关信号,即 SPLGEAR = 1,说明换挡成功。使换挡成功软继电器 GEAROK 接通(即为 1),SPERR 为"0",即 SPERR 软继电器断开,没有主轴换挡错误。当主轴齿轮换挡不顺利或出现卡住现象时,SPLGEAR 为"0",则GEAROK 为"0",经过 TMR 延时后,延时常开触点闭合,使"主轴错误"继电器接通,通过常开触点保持闭合,发出错误信号,表示主轴换挡出错。

处于手动工作方式时,也可以进行手动主轴齿轮换挡。此时,把机床操作面板上的选择开关 LGEAR 置 1(手动换低速齿轮挡开关),就可完成手动将主轴齿轮换为低速挡;同样,也可由主轴出错显示来表明齿轮换挡是否成功。

主轴运动控制局部梯形图的程序指令见表 4.2。

表 4.2　顺序程序表

步序	指　令	地址数,位数	步序	指　令	地址数,位数
1	RD	016.3	13	PRM	0311
2	RD. STK	137.0	14	WRT	141.1
3	AND. NOT	137.1	15	RD	114.0
4	OR. STK		16	DEC	0115
5	WRT	137.0	17	PRM	0411
6	RD	016.2	18	WRT	141.2
7	RD. STK	137.1	19	RD	114.0
8	AND. NOT	137.0	20	DEC	0115
9	OR. STK		21	PRM	0511
10	WRT	137.1	22	WRT	143.3
11	RD	114.0	23	RD	114.0
12	DEC	0115	24	DEC	0115

续表

步序	指　令	地址数,位数	步序	指　令	地址数,位数
25	PRM	4111	55	OR. STK	
26	WRT	143.4	56	WRT	130.2
27	RD	114.0	57	RD	137.0
28	DEC	0115	58	AND	032.3
29	PRM	4211	59	RD. STK	137.1
30	WRT	143.2	60	AND	143.4
31	RD	137.0	61	OR. STK	
32	AND	017.3	62	AND. NOT	0.4
33	RD. STK	137.1	63	WRT	0.5
34	AND	141.1	64	RD	137.0
35	OR. STK		65	AND	032.2
36	RD. STK	048.7	66	RD. STK	137.1
37	AND. NOT	048.6	67	AND	143.2
38	OR. STK		68	OR. STK	
39	AND. NOT	130.2	69	AND. NOT	0.5
40	WRT	048.7	70	WRT	0.4
41	RD	137.0	71	RD	0.4
42	AND	018.3	72	AND	32.1
43	RD. STK	137.1	73	RD. STK	0.5
44	AND	141.2	74	AND	32.0
45	OR. STK		75	OR. STK	
46	RD. STK	048.6	76	WRT	201.6
47	AND. NOT	048.7	77	RD	0.4
48	OR. STK		78	OR	0.5
49	AND. NOT	130.2	79	TMR	01
50	WRT	048.6	80	WRT	202.7
51	RD	137.0	81	RD	202.7
52	AND	019.3	82	OR	0.3
53	RD. STK	137.1	83	AND. NOT	201.6
54	AND	143.3	84	WRT	0.3

【注】该程序的梯形图中粗实线触点为机床侧或 NC 侧输入的信号,细实线触点为 PLC 中软触点,符号
"—◎—"为机床侧继电器线圈,符号"—□—"为 PLC 定时线圈。

习题四

4.1　CNC 数控系统由哪几部分组成?

4.2　叙述 CNC 装置的工作过程,并解释其具体内容。

4.3　CNC 装置的特点有哪些?

4.4　CNC 装置的硬件有哪几种结构形式,其特点是什么?

4.5　多微处理器 CNC 装置包括哪些基本功能模块,各功能模块的功能是什么?

4.6　在前后台型软件结构的 CNC 装置中,如何实现运行过程的调度管理功能?

4.7　在中断型软件结构的 CNC 装置中,常用的中断程序间的通信方式有哪些?

4.8　在 CNC 装置的软件设计中如何解决多任务并行处理?

4.9　接口电路的主要任务是什么?

4.10　试述机床 I/O 接口的作用及常用器件和电路。

4.11　为什么在机床 I/O 接口中常用光电耦合器? 有哪些常用的光电耦合器,分别适用于何种工作场合?

4.12　试叙述 RS232C 与 RS-449 标准的主要区别。

4.13　PLC 有哪些显著特点? 它与微机控制系统、继电器控制系统有何主要区别?

4.14　说明 PLC 的梯形图与继电器控制线路原理图有何区别? PLC 为什么采用梯形图编程?

4.15　数控机床所用的 PLC 与一般场合下使用的 PLC 有何不同?

4.16　使用 RS-232C 接口应注意的问题有哪些?

4.17　CNC 系统软件包括哪些内容?

5

位置检测装置

5.1 概 述

在闭环和半闭环数控系统中,数控装置是依靠指令值与位置检测装置的反馈值进行比较,来控制工作台运动的。位置检测装置是 CNC 系统的重要组成部分。它的作用是检测位移并发出反馈信号,送回计算机,和控制信号进行比较并驱动控制元件正确运转,因此,位置检测装置是保证数控系统位移精度的关键。

5.1.1 要求

数控系统对位置检测元件的要求除应满足对传感器的一般要求外,还应具有下列要求:
①工作可靠,寿命长;
②满足速度和精度要求;
③使用维护方便,便于与计算机连接;
④经济性好。

5.1.2 分类

按工作条件和测量要求的不同,测量方式亦有不同的划分方法,如表5.1所示。

表 5.1   位置检测装置分类

位置检测装置	按检测方式分类	直接测量	光栅,感应同步器,编码盘(测回转运动)
		间接测量	编码盘,旋转变压器
	按测量装置编码方式分类	增量式测量	光栅,增量式光电码盘
		绝对式测量	接触式码盘,绝对式光电码盘
	按检测信号的类型分类	数字式测量	光栅,光电码盘,接触式码盘
		模拟式测量	旋转变压器,感应同步器,磁栅

(1)直接测量和间接测量

测量传感器按形状可以分为直线型和回转型。若测量传感器所测量的指标就是所要求的指标,即直线型传感器测量直线位移,回转型传感器测量角位移,则该测量方式为直接测量。如光栅、感应同步器等用来直接测量工作台的直线位移。其缺点是测量装置要和行程等长,因此不便于在大行程情况下使用。

间接测量是将测量装置安装在滚珠丝杠或驱动电机轴上,通过检测转动件的角位移来间接测量执行部件的直线位移。间接测量使用方便,无长度限制。缺点是测量信号中增加了由旋转运动转变为直线运动的传动链误差,从而影响了测量精度。

(2)增量式测量和绝对式测量

增量式测量只测位移增量,每移动一个测量单位就发出一个测量信号。其优点是测量装置比较简单,任何一个对中点都可作为测量起点。在轮廓控制的数控机床上大都采用这种测量方式,典型的测量元件有感应同步器,光栅,磁尺等。缺点是在增量式测量系统中,移距是靠对测量信号计数后读出的,一旦计数有误,此后的测量结果将全错;另外在发生某种事故时(如断电,刀具损坏等),事故排除后,不能再找到事故前执行部件的正确位置,这是由于这种测量方式没有一个特定的标志。

绝对式测量可避免上述缺点,它的被测量的任一点的位置都由一个固定的零点算起,每一被测点都有一个相应的测量值。这种测量方式分辨率要求越高,结构也越复杂。

(3)数字式测量和模拟式测量

数字式测量是将被测的量以数字的形式来表示。测量信号一般为电脉冲,可以直接把它送到数控装置进行比较、处理,如光栅位置测量装置。数字式测量的特点是:

①被测的量转换为脉冲个数,便于显示和处理;

②测量精度取决于测量单位,和量程基本上无关(但存在累积误差);

③测量装置比较简单,脉冲信号抗干扰能力强。

模拟式测量是将被测的量用连续变量来表示,如电压变化,相位变化等,数控机床所用模拟式测量主要用于小量程的测量。在大量程内做精确的模拟式测量时,对技术要求较高。如旋转变压器,感应同步器等,模拟式测量的特点是:

①直接测量被测量,无需变换;

②在小量程内实现较高精度的测量,技术上较为成熟。

5.2   旋 转 变 压 器

旋转变压器是一种角位移测量元件,它具有结构简单,动作灵敏,工作可靠。对环境条件要求低,输出信号幅度大和抗干扰能力强等特点,因此得到广泛应用。

5.2.1   结构与工作原理

旋转变压器又称同步分解器,它是一种小型交流电机,在结构上与两相绕线式异步电动机相似,由定子和转子组成。定子绕组为变压器的原边,转子绕组为变压器的副边。励磁电压接原边,常用的励磁频率有 400 Hz、500 Hz、1 kHz、2 kHz 及 5 kHz。当励磁电压加到定子绕组时,通过电磁耦合,转子绕组产生感应电压,且其输出电压随转子的角向位置呈正弦规律变化。

如图 5.1 所示,当转子绕组磁轴与定子绕组磁轴垂直时,$\theta = 0$,不产生感应电压;当两磁轴平行时,$\theta = 90°$,感应电压最大;当两磁轴为任意角度时,感应电压为

$$U_2 = KU_1 \sin \theta = KU_m \sin \omega t \sin \theta \tag{5.1}$$

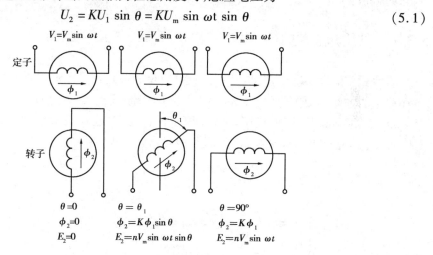

图 5.1   旋转变压器的工作原理

式中 K——变压比(转子绕组与定子绕组的匝数比);

   U_1——励磁电压;

   U_m——励磁电压的幅值;

   ω——励磁电压的角频率。

5.2.2   旋转变压器的应用

根据式(5.1),测量转子绕组感应电压 U_2 幅值或相位的变化,可知 θ 角的变化。如果将旋转变压器装在数控机床的丝杠上,当 θ 角从 0° 变化到 360° 时,表示丝杠转了一转,即螺母移动了一个导程,就间接测量了直线位移的大小。测量行程较长时,可加一个计数器,累计丝杠

所转转数,折算成位移总长度。为了区别正反向,再加一只相敏检波器以区别不同的转向。

5.2.3   磁阻式多极旋转变压器简介

普通旋转变压器精度较低,为了提高精度,在数控系统中广泛采用磁阻式多极旋转变压器(又称细分解算器),简称多极旋转变压器。这种旋转变压器是无接触式磁阻可变的耦合变压器,根据精度要求,增加定子(或转子)的极对数,使电气转角为机械转角的倍数,从而提高精度。

多极旋转变压器没有电刷和滑环的接触,因而能够连续高速运行,并且寿命长。

5.3   感应同步器

感应同步器是一种用电磁感应原理进行测量的高精度测量元件,是目前数控设备上广泛采用的检测元件。它有直线式和圆盘式两种,前者用于长度测量,后者用于角度测量。本节介绍直线式感应同步器。

5.3.1   结构和工作原理

直线式感应同步器由定尺和滑尺组成,定尺和滑尺都是用绝缘粘合剂把铜箔贴在基板上,并用腐蚀的方法制成节距为 2 mm 的曲折形印制线路绕组,如图 5.2 所示。定尺长度有250 mm,1 000 mm 等几种,也可以将几根定尺连接起来,组合成需要长度的测量尺。滑尺长100 mm,上有正弦饶组和余弦饶组,两者相互错开1/4 节距。

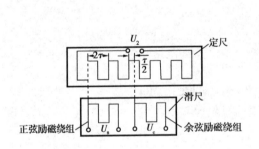

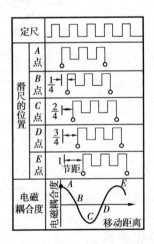

图 5.2   感应同步器示意图   　　图 5.3   感应同步器工作原理

当滑尺上的绕组通以给定频率的励磁电压时,在定尺绕组上产生感应电动势,感应电动势的大小随定尺与滑尺的相对位置的变化而变化。如图 5.3 所示,在 A 点时,滑尺与定尺绕组位置重合,这时感应电动势最大;滑尺相对定尺做平行移动时,在 B 点刚好错开1/4 个节距,感应电动势为零;当移动 1/2 个节距到 C 点时,感应电动势的大小同 A 点,而极性相反;移动 3/4 个节距到 D 点时,感应电动势又变为零;移动一个节距到 E 点时,与 A 相同。这样,滑尺移动一个节距的过程中,感应电动势变化了一个余弦波形。感应同步器就是利用这个感应电动势的变化来进行位置检测的。

5.3.2　工作状态

根据不同的激磁供电方式,感应同步器的工作方式可分为相位工作状态和幅值工作状态。

（1）相位工作状态

当在正弦绕组加励磁电压 $U_s = U_m \sin \omega t$,它在定尺绕组中产生的感应电动势为

$$U_{os} = KU_s \cos \theta = KU_m \sin \omega t \cos \theta$$

式中　K——耦合系数;

θ——与位移 X 对应的角度,定、滑尺相对移动一个节距 $P = 2\tau$,θ 从 0 变到 2π,即 $\theta = 2X\pi/P = \pi X/\tau$。

同理,在余弦绕组加励磁电压 $U_c = U_m \cos \omega t$,它在定尺绕组中产生的感应电动势为

$$U_{oc} = KU_c \cos(\theta + \pi/2) = -KU_m \cos \omega t \sin \theta$$

应用叠加原理,定尺上的感应电动势为

$$U_o = U_{os} + U_{oc} = KU_m(\sin \omega t \cos \theta + \cos \omega t \sin \theta) = KU_m \sin(\omega t - \theta)$$

因此,定尺感应电动势 U_o 的相移 θ 值和滑尺的位移 X 值有严格的比例关系。令相移-位移转换系数 $\beta = \pi/\tau$,即有 $\theta = \beta X$,可用 β 来计算滑尺相对于定尺的位移 X。

（2）幅值工作状态

在幅值工作状态下,感应同步器滑尺两个绕组分别输入两个频率相同、相位相同但幅值不同的正弦电压进行励磁,即

$$U_s = U_m \sin \phi \sin \omega t$$
$$U_c = U_m \cos \phi \sin \omega t$$

它们在定尺上的感应电动势为

$$U_{os} = KU_m \sin \phi \sin \omega t \cos \theta$$
$$U_{oc} = KU_m \cos \phi \sin \omega t \sin \theta$$

定尺上的总电动势为

$$U_o = U_{os} + U_{oc} = KU_m \sin \omega t(\sin \phi \cos \theta - \cos \phi \sin \theta)$$
$$= KU_m \sin \omega t \sin(\phi - \theta)$$

式中 ϕ 对应于机床所需的位移量 Y,即 $\phi = \pi Y/\tau$,而 θ 对应于机床实际位移量 X,即 $\theta = \pi X/\tau$。当两者不相等 $X \neq Y$ 时($\phi \neq \theta$),定尺绕组有感应电动势,经相敏放大后驱动伺服系统;当两者相等 $X = Y$ 时($\phi = \theta$),感应电动势为零,停止运动。

5.3.3 感应同步器的检测系统

(1)鉴相检测系统

如图 5.4 所示,鉴相型感应同步器用于位置控制时,指令信号由插补器发出,经脉冲-相位变换器变成相位信号 θ_1 输入鉴相器,同时把反映实际位移量的反馈相位角 θ_2 也送到鉴相器进行比较,当两者相位一致时($\theta_1 = \theta_2$),表示实际位置与给定的指令位置一致;当 $\theta_1 \neq \theta_2$ 时,鉴相器输出相位差 $\Delta\theta = \theta_1 - \theta_2$,并将它变换成模拟电压,经放大后驱动伺服系统,使部件做相应的位移,直至达到相应的位置 $\Delta\theta = 0$,停止运动。

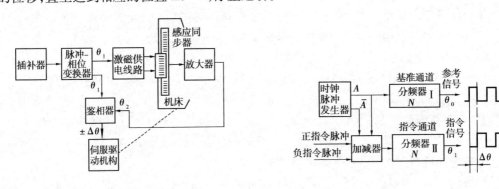

图 5.4 鉴相检测系统方框图 图 5.5 脉冲-相位变换器方框图

下面简要介绍一下鉴相系统的几个主要电路的工作原理。

1)脉冲-相位变换器

这是一种数字-模拟变换器,它将脉冲数变换成相位位移。如图 5.5 所示,由时钟脉冲发生器发出的脉冲分为两路:一路经基准通道分频器 Ⅰ 进行 N 分频后作为基准相位的参考信号方波;另一路送到加减器,按指令脉冲的性质对时钟脉冲进行加减,再经指令通道分频器 Ⅱ 进行 N 分频后产生指令信号方波。

当没有进给脉冲时,两分频系统 N 相同,在接到 N 个脉冲后,同时输出一个矩形波,其频率相位相同。

当加入正向进给脉冲时,加减器将它们加入时钟脉冲系列中去,这样分频器 Ⅰ 仍然每接收 N 个脉冲,输出一个矩形方波,而分频器 Ⅱ 则在同一时间内对 $(N + n)$ 个脉冲分频(n 为这一时间内加入的正向进给脉冲数),因而输出 $(1 + n/N)$ 个矩形波,即比参考信号方波在相位上超前了 n/N 度。

同理,当加入反向进给脉冲时,指令信号方波比参考信号方波在相位滞后 n/N 度。

2)激磁供电线路

由上述的脉冲-相位变换器中的基准通道分频器同时输出两个相差 90° 的方波,经选频滤波网络变成正弦波和余弦波,经功放给感应同步器的两个绕组激磁。

3)鉴相器

鉴相器又称相位比较器,其作用是鉴别指令信号 θ_1 与反馈信号 θ_2 之间的相位,并判别相位差的大小和相位的超前和滞后。当 θ_1 和 θ_2 同相时,鉴相器输出为恒定的低电平;当两者不同相时,鉴相器有脉冲输出,其宽度为 $\Delta\theta = \theta_1 - \theta_2$,利用滤波网络将这个脉冲变成和 $\Delta\theta$ 成正比的直流电流(带正负号),去驱动伺服机构,向着消除误差的方向运动。

（2）鉴幅检测系统

幅值工作状态的闭环系统如图 5.6 所示。当工作台位移值未达到指令要求值时,即 $X \neq Y$ $(\theta \neq \Phi)$ 时,定尺感应总电势 $U_。\neq 0$,经检波放大成直流信号控制伺服系统工作,带动工作台移动,直至 $X = Y(\theta = \Phi)$ 时,$U_。= 0$,工作台停止移动。

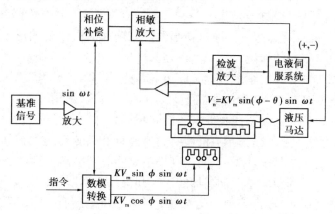

图 5.6　幅值工作状态方框图

定尺感应电动势 $U_。$ 同时输至相敏放大器,与来自相位补偿器的标准信号比较,控制工作台的运动方向。

5.3.4　感应同步器的种类、特点和使用注意事项

（1）种类

感应同步器有测量长度用的直线式和测量角度用的旋转式。下面介绍直线式的种类。

1）标准式

这是直线式中精度最高的一种,在数控系统和数显装置中大量应用。

2）窄长式

其定尺的宽度比标准式窄,主要用于精度较低或安装位置受到限制的场合。

3）三重式

它的滑尺和定尺上均有粗、中、细三套绕组,定尺上粗、中绕组相对位移垂直方向倾斜不同角度,细绕组和标准式的一样。滑尺上的粗、中、细三套绕组组成 3 个独立的电气通道,三通道同时使用可组成一套绝对坐标测量系统,测量范围为 0.002 ~ 2 000 mm,它特别适用于大型机床。

4）钢带式

它的定尺绕组是印制在 1.8 m 长的不锈钢带上,其两端固定在机床床身上,滑尺像计算尺的游标那样跨在带状定尺上,可以简化安装,而且可使定尺随床身热变形而变形。

5）感应组件

它是将标准式的定、滑尺封装在匣子里，同时将激磁变压器和前置放大器也装在里面，便于安装与使用。

（2）感应同步器的特点

①精度高。感应同步器的极对数多，由于平均效应测量精度要比制造精度高，且输出信号是由定尺和滑尺之间相对移动产生的，中间无机械转换环节，故其精度较高。

感应同步器的灵敏度（或称分辨率），取决于对一个周期进行电气细分的程度，灵敏度的提高受到电路中信号噪声比的限制。通过精心设计电路和采取严密的抗干扰措施，可以把电噪声减到很低，并获得很高的稳定性。

目前，直线式感应同步器的精度可达 ±1 μm，灵敏度 0.05 μm，重复精度 0.2 μm。

②测量长度不受限制。当测量长度大于 250 mm 时，可以采用多块定尺接长。行程为几米到几十米的中大型机床，大多采用直线式感应同步器。

③对环境的适应性较强。因为感应同步器金属基板和铸铁床身的热胀系数相近，当温度变化时，能获得较高的重复精度。另外，它是利用电磁感应产生信号，对尺面防护要求低。

④使用寿命长，维护简便。感应同步器的定尺和滑尺互不接触，因此无任何摩擦、磨损，使用寿命长，不怕灰尘、油污及冲击振动。同时由于是电磁耦合器件，不需要光源、光电元件，不存在元件老化及光学系统故障。

⑤抗干扰能力强，工艺性好，成本较低，便于复制和成批生产。

（3）使用注意事项

①感应同步器在安装时必须保持两尺平行，两尺面间的间隙为 0.25 ±（0.025 ~ 0.1）mm。滑尺移动时，由于晃动所引起的间隙的变化也必须小于 0.01 mm。

②感应同步器大多装在容易被切屑和切削液侵入的地方，必须注意防护，否则会使绕组刮伤或短路，使装置发生误动作及损坏。

③同步回路中的阻抗和激磁电压不对称及激磁电流失真度超过 2%，将对检测精度产生很大影响，因此在调整系统时，应加以注意。

④当在整个测量长度上采用几根 250 mm 长的标准定尺时，要注意尺与尺之间的绕组连接。当少于 10 根时，将各绕组串联连接；当多于 10 根时，先将各绕组分成两组串联，然后将此两组并联起来，使定尺绕组阻抗不致太高。为保证各定尺之间的连接精度，可以用示波器调整电气角度的方法，也可用激光的方法来调整安装精度。

⑤感应同步器输出的信号较弱且阻抗较低，因而要十分重视信号的传输。首先，要在定尺附近安装前置放大器，使定尺输出信号到前置放大器之间的距离尽可能的短；其次，传输线要采用专用屏蔽电缆，以防止干扰。

5.4　光　栅

计量光栅是闭环系统中另一种用的较多的测量装置,用于位移或转角的测量,测量精度可达几微米。

5.4.1　工作原理

光栅位置检测装置由光源、长光栅(标尺光栅)、短光栅(指示光栅)和光电元件等组成。

光栅就是在一块长条形的透明玻璃或镜面金属上刻上一系列等间隔的条纹制品。前者称为透射光栅,后者称为反射光栅。线纹之间的距离称为栅距。

透射光栅能透射光线,信号幅值大,信噪比好,装置结构简单,刻线密度可以较大,一般每毫米可达100,200,250条刻纹,从而可以减小电子线路的负担,但长度较短。

反射光栅的线膨胀系数可以做到跟机床一致,接长方便,安装调试容易,不易破碎。线纹密度一般为每毫米4,10,25,40,50条。

光栅也可以做成圆盘形(圆光栅),线纹呈辐射状,相互间夹角相等,用来测量转角。

根据光栅的工作原理分透射直线式和莫尔条纹式光栅两类。

(1)透射直线式光栅

装置如图5.7所示,用光电元件把两块光栅相对移动时产生的光线明暗变化转变为电流的变化。长光栅3装在机床的移动部件4上,称为标尺光栅;短光栅5装在机床的固定部件6上,称为指示光栅。标尺光栅和指示光栅均由矩形不透明的线纹和等宽的透明间隔组成。当标尺光栅相对线纹垂直移动时,光源通过标尺光栅和指示光栅再由物镜2聚焦射到光电元件1上。若标尺光栅线纹与指示光栅线纹完全重合,光电元件接收到的光通量最强;若标尺光栅透明间隔与指示光栅线纹完全重合,光电元件接收到的光通量最弱。因此,标尺光栅移动过程中,光电元件接收到的光通量忽强忽弱,产生近似于正弦波的电流。再用电子线路转变为数字以显示位移量。为了辨别运动方向,指示光栅的线纹错开1/4个栅距,并通过鉴向线路进行判别。

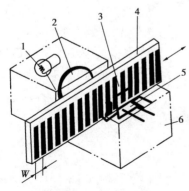

图5.7　透射直线式光栅原理图

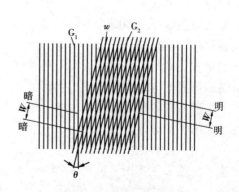

图5.8　光栅和莫尔条纹

由于这种光栅只能透过单个透明间隔,因此光强度较弱,脉冲信号不强,往往在光栅线纹较粗的场合使用。

(2)莫尔条纹式光栅

莫尔条纹式光栅用得很普遍,它是将栅距相同的标尺光栅与指示光栅互相平行的叠放并保持一定的距离(0.005～0.1 mm),然后将指示光栅在自身平面内转过一个很小的角度 θ,那么两块光栅的刻线相交并在相交处出现黑条纹(如图 5.8 所示)。在整块光栅上出现明暗相间的干涉条纹,其方向与刻线几乎垂直,称之为莫尔条纹,其光强度分布近似于正弦波形。如果将指示光栅沿标尺光栅长度方向平行地移动,莫尔条纹也跟着移动,但移动方向与指示光栅垂直。当指示光栅移动一条刻线时,莫尔条纹也正好移动一个条纹。

设光栅的栅距为 W,莫尔条纹的节距为 B,则由图 5.8 所示的几何关系可知:

$$B = W/2(\sin \theta/2)$$

实际上,θ 很小,因此,$B \approx W/\theta$,表明莫尔条纹的节距是光栅栅距的 $1/\theta$ 倍,只要读出移过的莫尔条纹的数目,就可以知道光栅移过了多少栅距,即可以通过电气系统自动地测量出光栅的移动。

例如,光栅刻线为 100 条,栅距为 $W = 0.01$ mm,若转角 $\theta = 3.4'(0.001 \text{ rad})$ 则

$$B/W \approx 1/\theta = 1\,000 \qquad\qquad B = 10 \text{ mm}$$

即条纹被放大了 1 000 倍。调节两光栅的交角,可以改变放大倍数。这就大大地减轻了电子线路的负担,这是莫尔条纹的特点。

另外,由于莫尔条纹是由若干条光栅刻线组成,因此具有误差平均效应,这是莫尔条纹的又一特点。

5.4.2 光栅检测装置

(1)光栅读数头

光栅读数头由光源、指示光栅和光电元件组合而成,是光学与电学系统转换的部件。读数头的结构形式很多,但就光路分为以下几种。

1)分光读数头

分光读数头原理如图 5.9 所示,从光源 Q 发出的光,经过透镜 L_1,照射到光栅 G_1,G_2 上,形成莫尔条纹,由透镜 L_2 聚焦,并在焦平面上安置光电元件 P 接受莫尔条纹的明暗信号。这种光学系统是莫尔条纹光学系统的基本型。光栅刻线截面为锯齿形,光源 Q 的倾角是根据光栅材料的折射率与入射光的波长确定的。

但这种光栅的栅距较小(0.004 mm),因此两光栅之间的间隙也小。它主要用在高精度坐标镗床和精密测量仪器上。

2)垂直入射读数头

这种读数头主要用于每毫米 25～125 条刻线的玻璃透射光栅系统,如图 5.10 所示,从光源 Q 发出的光束经透镜 L 垂直照射到标尺光栅 G_1,然后通过光栅 G_2 由光电元件 P 接收。两块光栅的距离 t 根据有效光波的波长 λ 和光栅栅距 W 决定,即

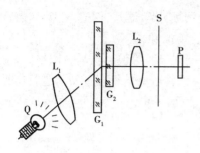

图 5.9　分光读数头

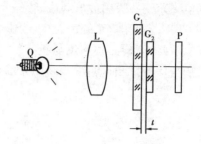

图 5.10　垂直入射读数头

$$t = W^2/\lambda$$

使用时再做微量调整。

3)反射读数头

这种读数头主要用于每毫米 25~50 条以下线纹的反射光栅系统。如图 5.11 所示,光源发出的光线经透镜 L_1 得到平行光,并以对光栅法面为 β 的入射角(一般为 30°)投射到标尺光栅 G_1 的反射面上,反射回来的光束先通过指示光栅 G_2 形成莫尔条纹,然后经过透镜 L_2 使光电元件 P 接收信号。

上述光栅只能用于增量式测量方式,有的光栅读数头设有一个绝对零点,当停电或其他原因记错数字时,可以重新对零。它是在两光栅上分别有一小段光栅,当这两小段光栅重合时发出零位信号,并在数字显示器中显示。

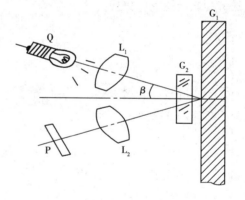

图 5.11　反射读数头

（2）辨向方法

在光栅检测装置中,将光源来的平行光调制后作用于光电元件上,从而得到与位移成比例的电信号。当光栅移动一个栅距时,从光电元件上获得一正弦电流。若仅用一个光电元件检测光栅的莫尔条纹变化信号,只能产生一个正弦波信号用做计数,不能分辨运动方向。为了辨别方向,需安置两只光电元件,彼此相距 1/4 节距。当光栅移动时,从两只光电元件分别得到两个相差 1/4 周期的正弦电流波形。而两形势逼人的超前与滞后,取决于光栅的移动方向。这样,两信号经过放大、整形和微分等电子判向电路,即可判别它们的超前与滞后,从而判别机床的运动方向。

（3）分辨率的提高

为了提高分辨率,光栅测量线路常采用四倍频的方案。即在一个莫尔条纹节距内安装 4 只光电元件(如硅光电池),每相邻两只的距离均为 1/4 个节距。这样,莫尔条纹每移动一个节距,光电元件将产生 4 个相差 1/4 周期（90°相位）的正弦信号,然后经过放大、整形为方波,再经微分电路获得 4 个脉冲。这样,如果光栅的栅距为 0.02 mm,四倍频后每个脉冲都相当于 0.005 mm,使分辨率提高 4 倍。除 4 倍频外,还有 8 倍频、10 倍频、20 倍频等线路。例如,每毫米 100 线纹的光栅,10 倍频后,其最小读数值为 1 μm,可用于精密机床的测量。

光栅检测元件一般用玻璃制成,容易受外界气温的影响产生误差,而且灰尘、切屑、油污、水汽等容易侵入,使光学系统污染变质,影响光栅信号的幅值和精度,甚至因光栅的相对运动损坏刻线。因此,光栅必须采用与机床材料膨胀系数接近的 K8 等玻璃材料,并且加强对光栅系统的维护与保养。测量精度较高的光栅都使用在环境条件较好的恒温场所或进行密封。

5.5 磁 栅

磁栅又称磁尺,是一种计算磁波数目的位移检测元件。可用于直线和转角的测量,其优点是精度高、复制简单及安装方便等,在油污、粉尘较多的场合使用有较好的稳定性。因此,磁栅在数控机床、精密机床和各种测量机上得到广泛使用。

磁栅测量是利用录音机原理,将一定波长(节距)的矩形波或正弦波电位信号用录磁磁头记录在磁性标尺的磁膜上,作为测量的基准尺。测量时,用拾磁磁头将磁性标尺上的磁化信号转化为电信号,然后送到检测电路去,把磁头相对于磁性标尺的位置或位移量用数字显示出来或转化为控制信号输入给数控机床。图 5.12 为磁栅位置检测装置方框图,装置由磁性标尺、读数头和检测电路组成。

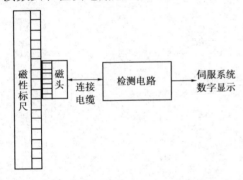

图 5.12 磁栅位置检测装置方框图

5.5.1 磁性标尺

磁性标尺是在非导磁材料的基体上,采用涂敷、化学沉积或电镀上一层很薄的磁性材料,然后用录磁的方法使敷层磁化成相等节距周期变化的磁化信号。磁化信号可以是脉冲,也可以是正弦波或饱和磁波。磁化信号的节距(或周期)一般有 0.05,0.10,0.20,1 mm 等几种。

磁栅基体不导磁,要求温度对测量精度的影响小,热膨胀系数与普通钢铁相近。磁栅按基体形状的不同可以分为直线位移测量用的实体型磁栅、带状磁栅和线状磁栅;用于角度位移测量的回转型磁栅等。

5.5.2 磁头

磁头是进行磁-电转换的变换器,它把反映空间位置变化的磁化信号检测出来,转换成电信号输送给检测电路。它是磁栅测量装置中的关键元件。

(1)磁通响应型磁头

普通录音机上用的磁头称速度响应型磁头,它只有在磁头和磁带间有相对运动时才能读取磁化信号。因此这种磁头只能用于动态测量。

由于机床数字控制系统要求在低速甚至静止时也能检测出磁性标尺上的磁化信号,因此必须把普通磁头改制成调制式磁头。磁通响应型磁头就是其中的一种。

磁通响应型磁头是一个带有可饱和铁心的磁性调制器。它用软磁材料制成,上面绕有两组串联的激磁绕组和两组串联的拾磁绕组。当激磁绕组通以 $I_0 \sin(\omega t/2)$ 的高频激磁电流时,产生两个方向相反的磁通 Φ_1,与磁性标尺作用于磁头的磁通 Φ_0 叠加,在拾磁绕组上就感应出载波频率为高频激磁电流频率二倍频率的调制信号输出,其输出电势为

$$e = E_0 \sin(2\pi x/\lambda)\sin \omega t$$

式中　E_0——常数;

　　　λ——磁化信号节距;

　　　x——磁头在磁性标尺上的位移量。

由此可见,输出信号与磁头和磁性标尺的相对速度无关,而由磁头在磁性标尺上的位置所决定。

(2) 多间隙磁通响应型磁头

使用单个磁头读取磁化信号时,由于输出信号电压很小(几毫伏到十几毫伏),抗干扰能力低。因此,实际使用时将几个甚至几十个磁头以一定的方式连接起来,组成多间隙磁头使用。它具有精度高、分辨率高和输出电压大等特点。

多间隙磁头中的每一个磁头都以相同的间距 $\lambda/2$ 配置,相邻两磁头的输出绕组反向串接,这时得到的总输出为每个磁头输出信号的叠加。

(3) 检测电路

检测电路包括:激磁电路信号放大电路、滤波电路、辨向和提高分辨率的辨向内插细分电路,以及显示和控制电路。

采用间距为 $(m + 1/4)\lambda$ 的两组磁头(m 为任意整数),从两组磁头得到输出信号:

$$e_1 = E_0 \sin(2\pi/\lambda)x \sin \omega t$$
$$e_2 = E_0 \cos(2\pi/\lambda)x \sin \omega t$$

经检波器,去掉高频载波后得到一组相位相差 90° 的信号,即

$$e_1' = E_0 \sin(2\pi/\lambda)x$$
$$e_2' = E_0 \cos(2\pi/\lambda)x$$

这样,即可进行振幅检测或用与光栅辨向原理相同的方法对磁头移动方向进行辨别。如果对上述第一组磁头的输出电动势 e_1 移相 90°,则输出为

$$e_3 = E_0 \sin(2\pi/\lambda)x \cos \omega t$$

将上述 e_2 和 e_3 输出电动势在求和线路内相加,则得到总的输出电动势为

$$e = E_0 \sin[(2\pi/\lambda)x + \omega t]$$

上式与感应同步器中读取绕组的输出信号相似,因此磁栅位置检测装置采用感应同步器鉴相检测的检测电路,即可进行相位检测。

相位检测精度可以远高于录磁节距 λ,并可以通过提高内插脉冲频率提高系统分辨率。分辨率可达微米级,测量长度达 9 m。

5.6 编 码 器

5.6.1 分类

编码器又称脉冲发生器,它是一种直接用数字代码表示角位移及线位移的检测器。它具有精度高、结构紧凑、工作可靠等优点,是数控伺服系统中常用的检测器件。编码器按形状分为回转型和直线型,按工作原理分为光电式、电刷式和电磁式,按检测得到的数据分为绝对值型和增量型。

(1)增量型和绝对值型

增量式脉冲发生器的结构较为简单,应用也很广泛。直接使用增量式角度脉冲发生器进行测量,其转换精度并不高,通常要采用电子细分来提高它的分辨率。

增量式脉冲发生器可通过光电转换将被测轴的角位移增量转换成相应的脉冲数字量,然后由计算机数控系统或计数器计数得到角位移和直线位移量。

图5.13为增量式脉冲发生器示意图。它由光源、聚光镜、光电码盘、光栅板、光敏元件和信号处理电路组成,其中光电码盘与工作轴连在一起。码盘可用玻璃材料制成,表面镀上一层不透光的金属铬,然后在上面制成向心透光狭缝。透光狭缝在码盘圆周上等分,数量从几百条到几千条不等。这样,整个码盘圆周上就等分成若干透明与不透明区域。除此之外,增量式光电码盘也通常用薄钢板或铝板制成,然后在圆周上切割出均匀分布的若干条槽子做透光狭缝,其余部分均不透光。常用白炽灯(钨灯)做光源,光线经聚光镜将发散光变为平行光照明,以提高分辨率。当光电码盘随工作轴一起转动时,在光源的照射下,透过光电码盘和光栅板形成忽明忽暗的光信号。光敏元件把此光信号转换成电信号,然后通过信号处理电路的整形、放大、分频、计数、译码后输出或显示。

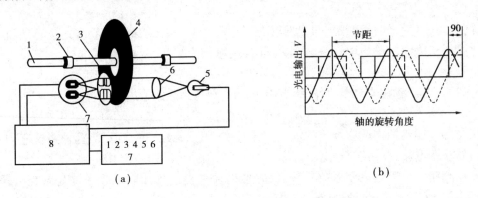

图5.13 增量式脉冲发生器

1—旋转轴;2—滚珠轴承;3—透光狭缝;4—光电码盘;

5—光源;6—聚光镜;7—光栅板;8—光敏元件

这种光电码盘的测量精度取决于它所能分辨的最小角度 α，而这与码盘圆周内所分的狭缝条数有关，所以分辨率为

$$分辨率 = 1/ 狭缝数 = \alpha/360°$$

随着光电码盘转动，光敏元件输出的信号不是方波，而是近似正弦波。为了测量出转向，可采用光栅鉴向同样的办法，使光栏板的两个狭缝距离比码盘两个狭缝之间的距离小 1/4 节距，这样两个光敏元件的输出信号就相差 $\pi/2$ 相位。将输出信号送入鉴向电路，即可判断增量式脉冲发生器的旋转方向。

由于增量式光电码盘每转过一个分辨角就发出一个脉冲信号，由此可知：

①根据脉冲的数目即可得出工作轴的回转角度，然后由传动速比换算为直线位移距离。

②根据脉冲的频率可得出工作轴的转速。

③根据光栏板上两条狭缝信号的先后顺序（相位），可判断光电码盘的正反转。

光电码盘的特点是没有接触磨损，码盘寿命长，允许转速高，精度较高。缺点为结构复杂，价格高，光源寿命短。但就码盘材料来讲，薄钢板和铝板所制成的光电码盘要比玻璃制成的抗震性好、耐不洁环境且造价低。但由于槽数受限，因此分辨率较后者低。

绝对值型编码器能给出与每个绝对角位置相对应的数字量输出。它使用具有多通道的二进制码盘，码盘的绝对角位置由各列通道的"明"、"暗"部分组成的二进制数表示，通道越多分辨率越高。例如直径 140 mm 的码盘上记录 20 个通道符号（即二十位的二进制数），检测精度可达 1.24″。

（2）回转型和直线型

回转型编码器测量角位移，直线型编码器测量直线位移。图 5.14 为直线型光电编码器原理。它由准直透镜将光源发出的光变成平行光，透过主尺上的窄缝刻度，再经扫描透光板照射到光电转换器件上。扫描透光板的透光玻璃窗上的刻度节距与主尺窄缝刻度节距相同，这样透过玻璃窗的光量在一个节距内成正弦波变化，位移一个节距，输出一个正弦波。玻璃窗的宽度一般为数十个到数百个节距，同时看到的窄缝刻度就多，起到误差均化的作用，还可以提高信噪比。

（3）光电式、电刷式、电磁式

光电式码盘通过光电元件将光信号变成电信号输出，它由"明"（透光）、"暗"（不透光）部分组成。由于没有机械磨损，因而允许转速高，使用寿命长，可靠性高，是目前用得较多的一种非接触测量装置。

电刷式是一种接触式码盘。它是在不导电基体上做成许多金属区使其导电，每个码道上用电刷与码盘接触，根据导电与否检出码盘的位置。电刷式码盘的优点是结构简

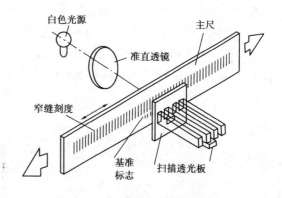

图 5.14 直线型光电编码器

单，输出信号功率大。缺点是存在机械磨损，特别是电刷在导电区和绝缘区滑动时产生电弧，将造成码盘和电刷寿命的降低，并且经不起振动，因此转速不能太高。

电磁式脉冲发生器是在导磁体圆盘上用腐蚀的方法做成一定的编码图形,使导磁体圆盘有的地方厚,有的地方薄;再用一个马蹄形磁心体磁头,磁头上绕两个线圈,原边用正弦电流励磁,二次侧感应电动势的大小与磁导有关。当导磁体的厚区转到磁头下时,磁头的磁导大,二次侧感应电动势大,可以定义为1。当导磁体的薄区转到磁头下时,磁头的磁导小,二次侧感应电动势也小,可以定义为0。这种无触点码盘,具有寿命长、转速高的优点,较有发展前途。

5.6.2 光电编码盘的工作原理和应用

图 5.15 为绝对值型光电编码盘,它是一个四位二进制码盘。图中每两个同心圆环之间的区域称为码道。最外圈称 1 码道,紧接的环区称 2 码道…。码盘由透明区和不透明区按一定编码规律构成,对应于每一条码道有一个光电元件。当码盘处于不同的角位置时,光电转换器的输出就呈现不同的图 5.15 所示的四位二进制码盘能分辩的最小角度为

$$\alpha = 360°/2^4 = 360°/16 = 22.5°$$

若 n 是码盘的位数,则

$$\alpha = 360°/2^n$$

位数 n 越大,能分辨的角度越小,测量也就越精确,但对码盘的制造要求就越严格。

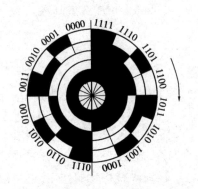

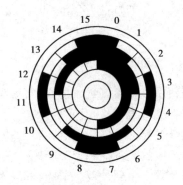

图 5.15　四位二进制码盘　　　　　　图 5.16　格雷二进制码盘

码盘的代码化方式有多种,但一定要能防止出现误读,而且要容易进行代码变换。最常用的是格雷二进制码盘,如图 5.16 所示,其特点是在从一个计数状态变到下一个计数状态的过程中,只有一位码改变,因此在格雷码的译码器中,不易产生误读,与纯二进制码相比,误读误差最小。

习题五

5.1　数控机床伺服系统对位置检测元件的主要要求是什么?

5.2　位置检测装置可按哪些方式分类?

5.3　举出 3 种数控机床常用的位置检测元件,并说出它们的主要特点。

5.4　分析感应同步器与旋转变压器的结构特点。

5.5　旋转变压器作为位置检测元件,有哪两种应用方法?

5.6　感应同步器接长时应注意哪些问题?

5.7　感应同步器鉴相检测系统由哪几部分组成? 简述各部分工作原理。

5.8　光栅刻线为每毫米100条,动定栅尺之间的夹角 $\beta=0.005$ 弧度,工作台移动时测得移动过的莫尔条纹数为200,求:栅距、莫尔条纹的节距及其放大倍数、工作台移动的距离。

5.9　光栅传感器采用何种措施来提高测量精度?

5.10　磁栅传感器由哪几部分组成?

5.11　当采用磁栅作为位置检测元件时,为什么要采用磁通响应型磁头?

5.12　设一绝对值型编码盘有8个码道,其能分辨的最小角度是多少?

5.13　普通二进制编码盘与格雷编码盘各有什么特点?

6

数控机床伺服系统

6.1 概　述

　　数控机床伺服系统是以机床移动部件的位置和速度为控制量的自动控制系统,又称为随动系统。如果说 CNC 装置是数控机床的"大脑",是发布命令的指挥机构,那么,伺服系统便是数控机床的四肢,是一种"执行机构",它忠实而准确地执行 CNC 装置发来的运动命令,是CNC 装置和机床的联系环节。通常把驱动各坐标轴运动的传动装置称为进给伺服系统,其中包括机械传动部件和产生主动力矩以及控制其运动的各种驱动装置。伺服系统的性能,在很大程度上决定了数控机床的性能。例如,数控机床的最高移动速度、跟踪精度、定位精度等重要指标均取决于伺服系统的动态和静态特性。因此,研究与开发高性能的伺服系统是现代数控技术发展的关键之一。

6.1.1 伺服系统的组成与分类

　　在 CNC 机床中,伺服系统接收计算机插补软件生成的进给脉冲或进给位移量,经变换和放大转化为工作台的位移。数控机床伺服系统的一般结构如图 6.1 所示。这是一个双闭环系统,内环是速度环,外环是位置环。速度环中用作速度反馈的检测装置为测速发电机、脉冲编码器等。速度控制单元是一个独立的单元部件,它由速度调节器、电流调节器及功率驱动放大器等部分组成。位置环是由 CNC 装置中的位置控制模块、速度控制单元、位置检测及反馈控制等部分组成,它主要是对机床运动的坐标轴进行控制。轴控制是要求最高的位置控制,不仅对单个轴的运动速度和位置精度的控制有严格要求,而且在多轴联动时,还要求各移动轴有很好的动态配合,才能保证加工效率、加工精度和表面粗糙度。

　　伺服系统的分类通常按照以下方法进行:

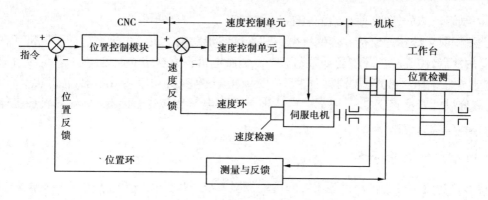

图6.1 数控机床伺服系统结构

（1）按调节理论分类

按调节理论分类，可分为开环、闭环和半闭环系统。开环伺服系统的驱动元件主要是功率步进电机或电液脉冲马达。其转子转过的角度正比于指令脉冲的个数，转动速度由指令脉冲的频率决定，因此，系统靠驱动装置本身实现定位，无须反馈。

闭环伺服系统是误差控制随动系统。采用位置检测装置（装在执行部件上），测出运动执行部件的实际位移量或者实际所处位置，将测量值反馈给 CNC 装置，与指令进行比较，求得误差，由此构成闭环系统来控制执行部件的运动位置。其精度取决于测量装置的制造和安装精度。

半闭环系统位置检测元件装在中间传动元件上，经过传动元件的位置转换，将测量值反馈给 CNC 装置，即坐标运动的传动链有一部分在位置闭环以外，在环外的传动误差没有得到系统的补偿，因而伺服系统的精度低于闭环系统。

闭环系统按反馈比较方式又可分为：脉冲数字比较伺服系统、相位比较伺服系统、幅值比较伺服系统及全数字伺服系统。

（2）按驱动部件的动作原理分类

按驱动部件的动作原理可分为电液伺服控制系统和电气伺服控制系统。电液伺服系统执行元件为液压元件，它具有在低速下可以得到很高的输出力矩及刚性好、时间常数小、反应快、速度平稳等优点，但液压系统需要油箱、油管等供油系统，体积大，还有噪声、泄漏等问题，故从70年代起逐步被电气伺服系统代替。

电气伺服系统全部采用电子器件和电机部件，操作维护方便，可靠性高。电气伺服系统中的驱动元件主要有步进电机、直流或交流伺服电机。它们没有液压系统中的噪声、污染和维修费用高等问题。按使用直、交流伺服电机分，电气伺服系统又可分为：直流伺服系统和交流伺服系统。

直流伺服系统常用的伺服电机有小惯量直流伺服电机和永磁直流伺服电机（也称为大惯量宽调速直流伺服电机）。小惯量伺服电机最大限度地减少了电枢的转动惯量，能获得最好的快速性。但与负载的匹配性差，使用时，要经过中间机械传动（如齿轮副）才能与丝杠相连接。永磁直流伺服电机能在较大过载转矩下长时间工作，转子惯量较大，能直接与丝杠相连，而且可在低速下运转，因此，在数控机床伺服系统中获得了广泛应用。直流伺服电机缺点是有电刷,限制了转速的提高,而且结构复杂,价格较贵。

交流伺服系统使用交流异步伺服电机和永磁同步伺服电机。由于直流伺服电机存在着一些固有的缺点,使其应用环境受到限制。交流伺服电机没有这些缺点,且转子惯量较直流电机小,使动态响应好。另外,在同样体积下,交流电机的输出功率可比直流电机提高 10% ~ 70%,其容量可以比直流电机造得大,以达到更高的电压和转速。因此,交流伺服系统得到了迅速发展,已经形成潮流。

(3)按被控对象分类

按被控对象可分为进给伺服系统和主轴伺服系统。进给伺服系统是指一般概念的伺服系统,它包括速度控制环和位置控制环。进给伺服系统完成各坐标轴的进给运动,具有定位和轮廓跟踪功能,是数控机床中要求最高的伺服控制。

主轴伺服系统严格来说,只是一个速度控制系统,主要实现主轴的旋转运动,提供切削过程中的转矩和功率,且保证任意转速的调节,完成在转速范围内的无级变速。

此外,刀库的位置控制是为了在刀库的不同位置选择刀具,与进给坐标轴的位置控制相比,性能要低得多,故称为简易位置伺服系统。

6.1.2 伺服系统的基本要求

对进给伺服系统的基本要求可以归纳为如下几点:

①高精度。伺服系统的精度是指输出量能复现输入量的精确程度。作为数控加工设备要求其伺服系统定位准确,即定位误差特别是重复定位误差要小,并且伺服系统的跟随精度高,即跟随误差小。一般定位精度要求达到 $0.01 \sim 0.001$ mm,甚至 0.1 μm。

②稳定性好。稳定是指系统在给定输入或外界干扰作用下,能在短暂的调节过程后,达到新的或者恢复到原来的平衡状态。对伺服系统要求有较强的抗干扰能力,保证进给速度均匀、平稳。稳定性直接影响数控加工的精度和表面粗糙度。

③快速响应,无超调。快速响应是伺服系统动态品质的重要指标,它反映了系统的跟踪精度。为了保证轮廓切削形状精度和低的加工表面粗糙度,要求伺服系统跟踪指令信号的响应要快。这一方面要求过渡过程时间要短,一般在 200 ms 以内,甚至小于几十毫秒;另一方面要求超调要小,尽量无超调,否则将影响加工质量。这两方面的要求往往是矛盾的,实际应用中要采取一定措施,按工艺加工要求做出一定的选择。

④低速大转矩。机床加工的特点是在低速时进行重切削。因此,要求伺服系统在低速时要有大的转矩输出。进给坐标的伺服控制属于恒转矩控制,而主轴的伺服控制在低速时为恒转矩控制,在高速时为恒功率控制。

⑤调速范围宽。调速范围 R_N 是指生产机械要求电机能提供的最高转速 n_{max} 和最低转速 n_{min} 之比。在数控机床中,由于加工用刀具被加工材质及零件加工要求的不同,为保证在任何情况下都能得到最佳切削条件,就要求伺服系统具有足够宽的调速范围。对于一般的数控机床而言,要求进给速度在 $0 \sim 24$ m/min 连续可调,对于主轴伺服系统,一般要求 1:(100 ~ 1 000)范围内的恒转矩调速和 1:10 以上的恒功率调速,而且要保证足够大的输出功率。

为了满足上述几点要求,对伺服电机也相应提出了要具有高精度、快反应、宽调速和大转矩等特点。具体要求是：

①电机从最低进给速度到最高进给速度范围内都能平滑地运转；转矩波动要小，尤其在最低转速时，仍有平滑的速度而无爬行现象。

②电机应具有大的、较长时间的过载能力，以满足低速大转矩的要求。

③为了满足快速响应的要求，电机必须具有 4 000 rad/s² 以上的加速度，才能保证电机在 0.2 s 以内从静止起动到 1 500 r/min。因此，要求电机必须具有较小的转动惯量和大的堵转转矩，机电时间常数和起动电压应尽可能小。

④电机应能承受频繁的起动、制动和反转。

6.2 开环控制系统与步进电机驱动电路

6.2.1 开环控制系统的构成

开环系统是最简单的进给系统，如图 6.2 所示。这种系统的伺服驱动装置主要是步进电机、功率步进电机、电液脉冲马达等。由数控系统送出的进给指令脉冲，经过驱动电路控制和功率放大后，使步进电机转动，通过齿轮副与滚珠丝杠螺母副驱动执行部件。由于步进电机的角位移和角速度分别与指令脉冲的数量和频率成正比，而且旋转方向决定于脉冲电流的通电顺序。因此，只要控制指令脉冲的数量、频率以及通电顺序，便可控制执行部件运动的位移量、速度和运动方向，不对实际位移和速度进行测量后将测量值反馈到系统的输入端与输入的指令进行比较，故称之为开环系统。开环系统具有结构简单，调试、维修、使用方便，成本低廉等特点。

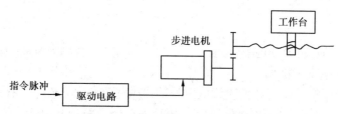

图 6.2 开环系统的构成

开环系统的位置精度主要决定于步进电机的角位移精度、齿轮和丝杠等传动元件的节距精度以及系统的摩擦阻尼特性。因此系统的位置精度较低，其定位精度一般可达 ±0.02 mm。如果采取螺距误差和传动间隙补偿措施，定位精度可以提高到 ±0.01 mm。此外，由于步进电机性能的限制，开环进给系统的进给速度也受到限制，在脉冲当量为 0.01 mm 时，一般不超过 5 m/min，故一般在精度要求不太高的场合使用。

6.2.2 步进电机

步进电机是一种将电脉冲信号转换成相应的角位移或线位移的控制电机。对它送一个控制脉冲,其转轴就转过一个角度或移动一个直线位移,称为一步。脉冲数增加,角位移(或线位移)随之增加;脉冲频率高,则步进电机的旋转速度就高,反之则低;分配脉冲的相序改变后,步进电机则反转;其运动状态是步进形式的,故称为步进电机。

(1)步进电机的分类

步进电机按运动方式可分为旋转运动、直线运动、平面运动和滚切运动式步进电机;按工作原理可分为反应式(磁阻式)、电磁式、永磁式、永磁感应子式步进电机;按使用场合可分为功率步进电机和控制步进电机;按结构可分为单段式(径向式)、多段式(轴向式)、印刷绕组式步进电机;按相数可分为三相、四相、五相步进电机等;按使用频率可分为高频步进电机和低频步进电机。不同类型步进电机,其工作原理、驱动装置也不完全一样。

(2)步进电机的工作原理

反应式步进电机又叫可变磁阻式(Variable Reluctance)步进电机,简称 VR 电机。其结构简单,工作可靠,运行频率高,因此使用较为广泛。以下就以它为例进行介绍。

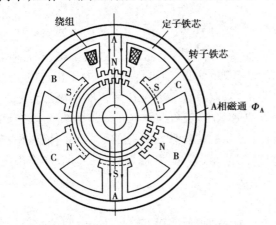

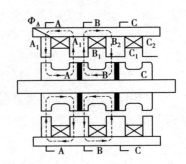

图6.3　径向式反应式电机的结构原理　　　图6.4　轴向式反应式电机的结构原理

1)反应式步进电机的结构

图6.3所示的是径向式三相反应式电机的结构原理图。定子铁芯上有6个均匀分布的磁极,沿直径相对两个极上的线圈串联,构成一相励磁绕组。极与极之间夹角为60°,每个定子磁极上均匀分布5个齿,齿槽距相等,齿距角为9°。转子铁芯上无绕组,只有均匀分布40个齿,齿槽距相等,齿距角为360°/40 =9°。三相(A,B,C)定子磁极是沿定子的径向排列的,三相定子磁极上的齿依次错开1/3齿距,即3°,见图6.5(a)所示。

步进电机的另一种结构是多段式(轴向分相式),图6.4就是三相轴向分相式反应式步进电机的结构原理图。有3个定子铁芯,每个定子铁芯有一相励磁绕组,3个定子沿转子的轴向排列,转子铁芯也相应地分成三段,与定子相对应,每段一相,相互独立,依次为A,B,C相。定子铁芯由硅钢片叠成,转子由整块硅钢制成。同样,定、转子上有40个齿,齿槽距相等,齿距角为9°。转子上三段齿的分布是一样的,没有错齿,从轴向看过去,各段的齿与槽是对齐的。三相定子磁极上的齿彼此错开1/3齿距,即3°,见图6.5(a)所示。

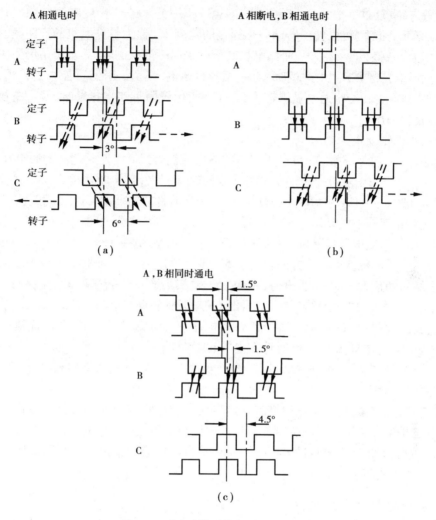

图6.5　反应式步进电机的工作原理

2)反应式步进电机的工作原理

分析 VR 步进电机的工作原理,要抓住两点:磁力线力图走磁阻最小的路径,从而产生反应力矩;各相定子齿之间彼此错齿 $1/m$ 齿距,m 为相数,举例中 $m=3$。

①单三拍供电方式

第一拍:A 相励磁绕组通电,B,C 相励磁绕组断电。这样 A 相定子磁极的电磁力要使相邻转子齿与其对齐(使磁阻最小),如图 6.5(a)所示的圆周平面展开图,B 相和 C 相定子、转子错齿分别为 1/3 齿距(3°)和 2/3 齿距(6°)。

第二拍:B 相绕组通电,A,C 相绕组断电。B 相定子磁极的磁力线的走向如图 6.5(a)中 B 相的虚线方向所示(A 相、C 相均无磁力线),电磁反应力矩使转子顺时针方向转 3°与 B 相的定子齿对齐,此时 A 相、C 相的定子齿、转子齿又互相错齿,如 6.5(b)所示。

第三拍:C 相绕组通电,A,B 相绕组断电。C 相定子磁极的磁力线的走向如图 6.5(b)中 C 相的虚线方向所示(A 相、B 相均无磁力线),电磁反应力矩又使转子顺时针方向转动了 3°,与 C 相定子齿对齐。同时 A 相、B 相定子齿与转子齿错齿……

由此看来,重复单三拍的通电顺序,即 A→B→C→A→……,步进电机就顺时针方向旋转起来,且对应每个指令脉冲,转子转动一个固定的角度3°,称为步进电机的步距角。若定子绕组通电顺序为 A→C→B→A→……,则电机转子就逆时针方向旋转,其步距角仍为3°。

单三拍通电控制方式,由于每拍只有一相绕组通电,在切换瞬间可能失去自锁力矩,容易失步。此外,只有一相绕组通电吸引转子,易在平衡位置附近产生振荡,使步进电机工作稳定性差,一般较少采用。

②双三拍工作方式

为克服单三拍工作的缺点,可采用双三拍通电控制方式。若定子绕组的通电顺序为 AB→BC→CA→AB→……则电机的转子就顺时针方向转动起来,其步距角仍为3°。若定子绕组的通电顺序为 AB→AC→BC→AB→……则电机转子逆时针方向转动,其步距角也是3°。

③三相六拍工作方式

若定子绕组的通电顺序是 A→AB→B→BC→C→CA→A→……,就是三相六拍控制方式,每切换一次,步进电机就顺时针方向转动1.5°,步距角减小一半。图6.5(a)为 A 相绕组通电情况,定子绕组切换为 A,B 相通电时,A 相定子磁极力图不让转子转动,而保持与定子齿对齐,而 B 相定子磁极的电磁反应力矩也力图使其顺时针转动3°,与 B 相定子齿对齐,此时各相定转子的情况如图6.5(c)所示。转子齿与 A 相、B 相定子齿均没对齐,此位置是 A 相、B 相定子合成磁场的最强方向,即转子顺时针方向转动1.5°。

若定子绕组通电顺序为 A→AC→C→BC→B→AB→A→……,则电机转子逆时针方向转动,步距角仍为1.5°。

三相六拍控制方式比三相三拍控制方式步距角小一半,在切换时保持一相绕组通电,工作稳定,比双三拍增大了稳定区。所以三相步进电机常采用三相六拍的控制方式。

同理,四相、五相反应式步进电机的各相定子齿彼此错齿分别为1/4、1/5 齿距;常用的控制方式有双四拍或四相八拍、双五拍或五相十拍。

(3)步进电机的主要技术性能指标

1)步距角

步进电机每步的转角称为步距角,其值为

$$\alpha = 360°/mzk$$

式中　z——转子齿数;

　　　m——步进电机相数;

　　　k——控制方式系数,为供电拍数与相数之比。

由于步进电机的制造误差,步距角也存在误差,但电机转子转过一周时,定子齿与原来转子齿对齐,故步距角误差不累积。厂家对于每种步进电机给出两种步距角,彼此相差一倍。大步距角指供电拍数与相数相等时的步距角,小步距角指供电拍数是相数两倍时的步距角。

2)最大静转矩 T_{jmax}

当步进电机不改变通电状态时,转子处在不动状态,即静态。如果在电机轴上外加一个负载转矩,使转子按一定方向转过一个角度 θ_e,转子因此所受的电磁转矩 T 称为静态转矩,角度 θ_e 称为失调角。定子、转子间的电磁转矩随失调角 θ_e 变化情况如图6.6(a)所示。描述静态时电磁转矩 T 与 θ_e 之间关系的曲线称为矩角特性(见图6.6(b))。矩角特性上的电磁转矩最大

值称为最大静转矩 T_{jmax}。在静态稳定区内,当外加转矩去除时,转子在电磁转矩作用下,仍能回到稳定的平衡位置($\theta_e = 0$)。

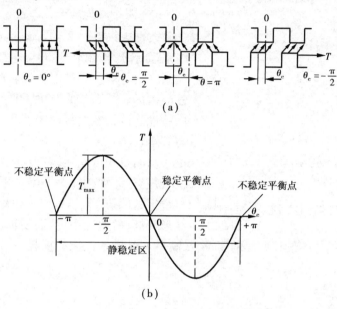

(a)

(b)

图6.6 步进电机的失调角及矩角特性

3)空载启动(突跳)频率 f_q

步进电机在空载时由静止突然启动,进入不丢步的正常运行的最高频率,称为空载启动频率或空载突跳频率。它是衡量步进电机快速性能的重要技术数据。空载启动频率要比连续运行频率低得多,这是因为步进电机启动时,既要克服负载力矩,又要克服运转部分的惯性矩,电机的负担比连续运转时重。步进电机带负载(尤其是惯性负载)的启动频率比空载的启动频率要低。

4)启动矩频特性

当步进电机带着一定的负载启动时,作用在电机轴上的加速转矩为电磁转矩与负载转矩之差。负载转矩越大,加速转矩就越小,电机就不易转起来,只有当每步有较长的加速时间(采用较低的脉冲频率)时,电机才能启动。因此,其启动频率随着负载的增加而下降。描述步进电机启动频率与负载力矩的关系曲线称作启动矩频特性。图 6.7 为 90BF001 型步进电机的启动矩频特性。

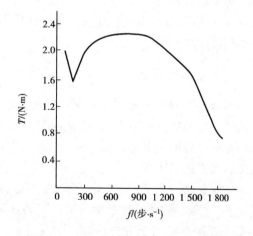

图6.7 90BF001 型步进电机的启动矩频特性

5)空载运行频率 f_{max}

步进电机在空载启动后,能不丢步连续运行的最高脉冲重复频率称作空载运行频率 f_{max}。它也是步进电机的重要性能指标,对于提高生产率和系统的快速性具有重要意义。

f_{max} 远大于 f_q,因为空载运行频率受转动惯量的影响比启动时大为减小。步进电机在高速下启动或高速下制动,需要采用自动升降速的控制。空载运行频率 f_{max} 因所带负载的性质和大小而异,与驱动电源也有很大关系。

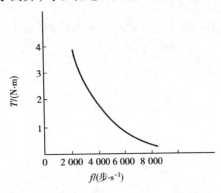

图 6.8　90BF001 型步进电机的运行矩频特性

6)运行矩频特性

运行矩频特性 $T=f(Hz)$ 是描述步进电机连续稳定运行时,输出转矩 T 与连续运行频率之间的关系。它是衡量步进电机运转时承载能力的动态性能指标。图 6.8 为 90BF001 型步进电机运行矩频特性。该特性上每一频率所对应的转矩称为动态转矩。

从图 6.8 可知,随着连续运行频率的上升,输出转矩下降,承载能力下降。原因是频率越高,电机绕组的感抗($X_L=2\pi fL$)越大,使绕组中的电流波形变坏,幅值变小,从而使输出力矩下降。选择步进电机时,应根据总体设计方案的要求,在满足主要技术性能的前提下,综合考虑步进电机的参数。

6.2.3　步进电机的驱动电路

由步进电机的工作原理可知,必须使其定子励磁绕组顺序通电,并具有一定功率的电脉冲信号,才能使其正常运行。步进电机驱动电路(又称驱动电源)就承担此项任务。步进电机及其驱动电源是一个有机的整体,步进电机的运行性能是步进电机和驱动电源的综合结果。驱动电源通常由环形分配器和功率放大器两部分组成。它接受由数控装置送来的一定频率和数量的指令脉冲,经分配和放大后驱动步进电机旋转。

对驱动电源的基本要求是:电源的相数、通电方式、电压、电流应与步进电机的基本参数相适应;能满足步进电机启动频率和运行频率的要求;工作可靠,抗干扰能力强;成本低,效率高,安装和维护方便。

(1)环形分配器

环形分配器的主要功能是将数控装置的插补脉冲,按步进电机所要求的规律分配给步进电机驱动电源的各相输入端,以控制励磁绕组的导通或关断。同时由于电机有正反转要求,因此环形分配器的输出是周期性的,又是可逆的。环形分配器的功能可由硬件、软件以及软硬件相结合的方法来实现。

图 6.9 是一个三相步进电机按六拍方式通电的环形分配器的原理图,其工作状态如表6.1所示。工作状态表中"1"表示通电,"0"表示断电。正转时的通电顺序为 A→AB→B→BC→C→CA→A→……,开机通电后,由分配器置"0"信号将分配器置成 100 状态,为初始的锁相状态。触发器 22 用于控制正反转,当正转信号 +X 送来时,上面一排门打开,反转信号 -X 送来时,下面一排门打开。CP₀ 为进给脉冲序列,经触发器 11 产生脉冲序列 CP 作为环形分配器的触发脉冲,使 D_1 , D_2 , D_3 三个 D 触发器翻转,从而使分配器向 A,B,C 三相绕组按工作状态表分配脉冲。

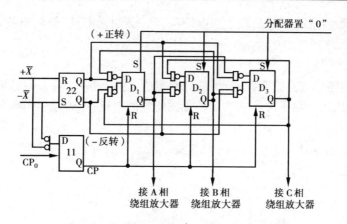

图 6.9 三相六拍方式通电的环形分配器

表 6.1

	CP	A	B	C	CP	
正转	0	1			0	反转
	1	1	1		5	
	2		1		4	
	3		1	1	3	
	4			1	2	
	5	1		1	1	
	0	1			0	

硬件环形分配器的种类很多,其中比较常用的是专用集成芯片或通用可编程逻辑器件组成的环形分配器。例如:CH250,采用 CMOS 工艺,集成度高,可靠性好,是三相反应式步进电机环形分配器的专用集成电路芯片,由上海无线电十四厂等厂家生产,可直接选用。对于不同种类、不同相数、不同分配方式的步进电机就需要不同的硬件环形分配器,可见其品种将很多。而用软环形分配器只需编制不同的软环分程序,将其存入数控装置的 EPROM 中即可。采用这种方式可以使线路简化,成本下降,并可灵活地改变步进电机的控制方案。

软件环形分配器的设计方法有多种,如查表法、比较法、移位寄存器法等,最常用的是查表法。查表法的基本设计思想是:结合驱动电源线路,按步进电机励磁状态转换表求出所需的环形分配器输出状态表(输出状态表与状态转换表相对应),将其存入内存 EPROM 中,根据步进电机的运转方向按表地址的正向或反向,顺序依次取出地址的内容输出,即依次表示步进电机各励磁状态,电机就正转或反转运行。

(2)功率放大器

由环形分配器输出的脉冲功率很小,需要进行功率放大,使脉冲电流达到 1 ~ 10 A,才足以驱动步进电机旋转。由于功放中的负载为步进电机的绕组,是感性负载,与一般功放不同点就由此而产生,主要是较大电感影响快速性,感应电势带来的功率管保护等问题。功率放大器最早采用单电压驱动电路,后来出现了双电压(高低压)驱动电路、斩波电路、调频调压和细分电路等。

1)单电压驱动电路

单电压驱动电路的优点是线路简单,缺点是电流上升不够快,高频时带负载能力低。其工作原理如图 6.10 所示。图中 L 为步进电机励磁绕组的电感,R_a 为绕组电阻并串接一电阻 R_c,为了减小回路的时间常数 $L/(R_a + R_c)$,电阻 R_c 并联一电容 C(可提高负载瞬间电流的上升率),从而提高电机的快速响应能力和启动性能。续流二极管 VD 和阻容吸收回路 RC,是功率管 VT 的保护线路。

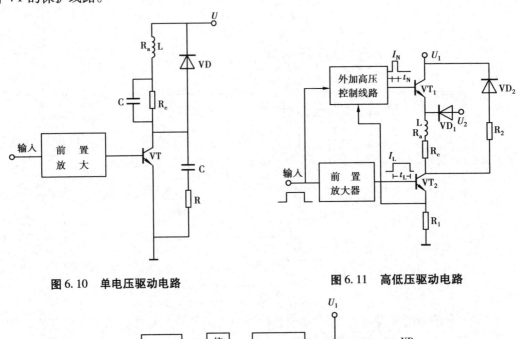

图 6.10　单电压驱动电路　　　　　　图 6.11　高低压驱动电路

图 6.12　斩波驱动电路

2)高低压驱动电路

高低压驱动电路的特点是供给步进电机绕组有两种电压:一种是高电压 U_1,由电机参数和晶体管特性决定,一般在 80 V 至更高范围;另一种是低电压 U_2,即步进电机绕组额定电压,一般为几伏,不超过 20 V。图 6.11 为高低压驱动电路的原理图。在相序输入信号 I_H,I_L 到来时,VT_1,VT_2 同时导通,给绕组加上高压 U_1,以提高绕组中电流上升率,当电流达到规定值时,VT_1 关断、VT_2 仍然导通(t_H 脉宽小于 t_L),则自动切换到低压 U_2。该电路的优点是:在较宽的频率范围内有较大的平均电流,能产生较大且稳定的平均转矩;其缺点是:电流波顶有凹陷,电路较复杂。

3) 斩波驱动电路

高低压驱动电路的电流波形的波顶会出现凹形,造成高频输出转矩的下降,为了使励磁绕组中的电流维持在额定值附近,又出现了斩波驱动电路,其原理如图 6.12 所示。环形分配器输出的脉冲作为输入信号,若为正脉冲,则 VT_1、VT_2 导通,由于 U_1 电压较高,绕组回路又没串电阻,因此绕组中的电流迅速上升,当绕组中的电流上升到额定值以上某个数值时,由于采样电阻 R_e 的反馈作用,经整形、放大后送至 VT_1 的基极,使 VT_1 截止。接着绕组由 U_2 低压供电,绕组中的电流立即下降,但刚降至额定值以下时,由于采样电阻 R_e 的反馈作用,使整形电路无信号输出,此时高压前置放大电路又使 VT_1 导通,电流又上升。如此反复进行,形成一个在额定电流值上下波动呈锯齿状的绕组电流波形,近似恒流,因此,斩波电路也称斩波恒流驱动电路。锯齿波的频率可通过调整采样电阻 R_e 和整形电路的电位器来调整。斩波驱动电路虽然复杂,但它的优点比较突出,即绕组的脉冲电流边沿陡,快速响应好;功耗小,效率高;输出恒定转矩;减少了步进电机共振现象的发生。

从上述驱动电路来看,为了提高驱动系统的快速响应,采用了提高供电电压、加快电流上升沿的措施。但在低频工作时,步进电机的振荡加剧,甚至失步。为此,可使电压随频率变化,采用调频调压电路。另外,为了使步进电机的运行平稳,可设法使步距角减小,步距角虽已由结构确定,但可用电路控制的方法来进行细分,为此可采用细分驱动电路。限于篇幅,都不再详细叙述。

6.2.4　提高开环进给控制系统精度的措施

开环进给系统中,步进电机的步距角精度,机械传动部件的精度,丝杠、支承的传动间隙及传动和支承件的变形等将直接影响进给位移的精度。为了提高系统的精度,应该适当提高系统组成环节的精度,此外,还可采取各种精度补偿措施。

(1) 传动间隙补偿

在进给传动机构中,提高传动元件的制造精度并采取消除传动间隙的措施,可以减小但不能完全消除传动间隙。由于间隙的存在,接受反向进给指令后,最初的若干个指令脉冲只能起到消除间隙的作用,因此产生了传动误差。传动间隙补偿的基本方法是:当接受反向位移指令后,首先不向步进电机输送反向位移脉冲,而是由间隙补偿电路或补偿软件发出一定数量的补偿脉冲,使步进电机转动越过传动间隙,然后再按指令脉冲使执行部件做准确的位移。间隙补偿脉冲的数目由实测决定,并作为参数存储起来,接受反向指令信号后,每向步进电机输送一个补偿脉冲的同时,将所存的补偿脉冲数减1,直至存数为零时,发出补偿完成信号,控制脉冲输出门向步进电机分配进给指令脉冲。

(2) 螺距误差补偿

用螺距误差补偿电路或软件补偿的方法,可以补偿滚珠丝杠的螺距累积误差,以提高进给位移精度。实测执行部件全行程的位移误差曲线,在累积误差值达到一个脉冲当量处安装一个挡块。由于全长上的累积误差有正、有负,所以要有正、负两种误差补偿挡块,补偿挡块一般安装在移动的执行部件上,与之相配的固定部件上,安装有正、负补偿微动开关,当运动部件移动时,挡块与微动开关每接触一次就发出一个补偿脉冲,正补偿脉冲使步进电机少走一步,负补偿脉冲使步进电机多走一步,从而校正了位移误差。上述方法是在老式数控机床上采取的办法。在使用计算机数控装置的机床上,可用软件方法进行补偿,即根据位移的误差曲线,按绝对坐标确定误差的位置和数量,存储在控制系统的内存中,当运动部件移动经所定的绝对坐标位置时,补偿相应数量的脉冲,这样便可以省去补偿挡块和微动开关等硬器件。

6.3   闭环伺服系统与反馈比较形式

6.3.1   闭环伺服进给系统与半闭环伺服进给系统

闭环伺服进给系统原理如图 6.13 所示。数控装置将位移指令与位置检测装置测得的实际位置反馈信号,随时进行比较,根据其差值与指令进给速度的要求,按一定的规律转换后,得到伺服进给系统的速度指令。另一方面,还利用和伺服电动机同轴刚性连接的测速元件,随时实测驱动电机的转速,得到速度反馈信号,将它与速度指令信号比较,以其比较的结果即速度误差信号,对驱动电机的转速随时进行校正。利用上述位置控制和速度控制两个回路,可以获得比开环进给系统精度更高、速度更快、驱动功率更大的特性指标。如图 6.13 所示,闭环伺服进给系统的位置检测装置安装在进给系统末端的执行部件上,实测其位置或位移量。

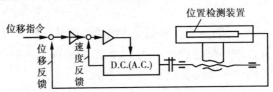

图 6.13   闭环伺服进给系统原理

如图 6.14 所示,如果将位置检测装置安装在驱动电机的端部,或安装在传动丝杠的端部(如图中虚线所示),间接测量执行部件的实际位置或位移,这种系统就是半闭环伺服进给系统。它可以获得比开环进给系统更高的精度,但它的位移精度要比闭环进给系统低。由于其位置检测装置可以和伺服电机做成一体,现在大多数数控机床都采用这种半闭环伺服进给系统。

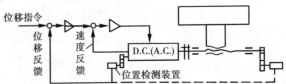

图 6.14   半闭环伺服进给系统原理

由于所采用的位置检测元件不同或检测元件的工作方式不同,闭环伺服系统有多种反馈比较形式。

6.3.2 数字脉冲比较伺服系统

数字脉冲比较伺服系统,采用数字脉冲的方法构成位置闭环控制。这种系统的主要优点是结构比较简单。

(1)数字脉冲比较系统的构成

如图 6.15 所示,该系统最多可由 6 个主要环节组成。主要是:由数控装置提供的指令信号(可以是数码信号,也可是脉冲数字信号);由测量装置提供的反馈信号(可以是数码信号,也可是脉冲数字信号);完成指令信号与测量反馈信号比较的比较器;脉冲数字信号与数码的相互转换部件(可依据比较器的功能及指令与反馈信号的性质而取舍);驱动、执行元件(实质是速度单元和电机)。

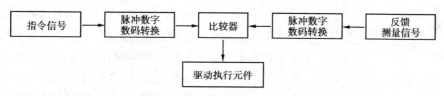

图 6.15 数字脉冲比较系统的构成

在数字比较系统中,常用的测量装置是光栅、编码盘和脉冲编码器。光栅和脉冲编码器能提供脉冲数字量,而编码盘能提供数码信号。

常用的数字比较器大致有三类:数码比较器、数字脉冲比较器、数码与数字脉冲比较器。由于指令和反馈信号不一定适合比较的需要,因此,在指令和比较器之间以及反馈和比较器之间有时需增加"数字脉冲-数码转换"的线路。比较器的输出反应了指令信号与反馈信号的差值以及差值的方向,将这一输出信号放大后,由速度单元控制执行元件。

(2)数字脉冲比较系统的工作原理

下面以采用光电脉冲编码器为测量元件的系统为例说明数字脉冲比较伺服系统的工作原理。

光电编码器与伺服电机的转轴连接,随着电机的转动产生脉冲序列输出,其脉冲的频率将随着转速的快慢而升降。现设工作台处于静止状态,指令脉冲 $P_e = 0$,这时反馈脉冲 P_f 亦为零,经比较环节可知,偏差 $e = P_e - P_f = 0$,则伺服电机的速度给定为零,工作台继续保持静止不动。随着指令脉冲的输出,$P_e \neq 0$,在工作台尚未移动之前,反馈脉冲 P_f 仍为零。在比较器中,将 P_e 与 P_f 比较,得偏差 $e = P_e - P_f \neq 0$,若设指令脉冲为正向进给脉冲,则 $e > 0$,由速度控制单元驱动电机带动工作台正向进给。随着电机运转,光电脉冲编码器将输出反馈脉冲 P_f 送入比较器,与指令脉冲 P_e 进行比较,如 $e = P_e - P_f \neq 0$,继续运动,不断反馈,直到 $e = P_e - P_f = 0$,即反馈脉冲数等于指令脉冲数时,$e = 0$,工作台停在指令规定的位置上。如果继续给正向运动指令脉冲,工作台继续运动。当指令脉冲为反向运动脉冲时,控制过程与 P_e 为正时基本上类似。只是此时 $e < 0$,工作台做反向进给。最后,也应在指令所规定的反向某个位置,在 $e = 0$ 时,准确停止。

(3) 主要功能部件

1) 数字脉冲-数码转换器

对于数字脉冲转化为数码,其简单的实现方法就是使用可逆计数器,它将输入的脉冲进行计数,以数码值输出。根据对数码形式的要求不同,可逆计数器可以是二进制的、二-十进制的或其他类型的计数器,图 6.16(a) 所示为两个二-十进制计数器组成的数字脉冲-数码转换器。

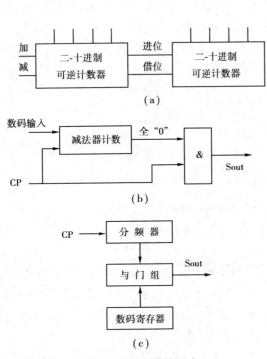

对于数码转换为数字脉冲,常用的有两种方法:第一种方法是采用减法计数器线路。如图 6.16(b) 所示,先将要转换的数码置入减法计数器,当时钟脉冲 CP 到来之后,一方面使减法计数器做减法计数,另一方面进入与门。若减法计数器的内容不为零,该 CP 脉冲通过与门输出,若减法计数器的内容变为"0",则与门被关闭,CP 脉冲不能通过。计数器从开始计数到减为"0",输出的脉冲数刚好等于置入计数器中的数码值,从而实现了数码-数字脉冲转换。第二种方法是用一个脉冲乘法器,如图 6.16(c) 所示。脉冲乘法器电路中的数码寄存器存有要转换的数码,并以此控制与门组,则在时针脉冲 CP 的作用下,分频器相应的各级在一个计数循环中,从与门组输出的脉冲数正好等于数码寄存器中的数码,从而完成了数码-脉冲的转换。

图 6.16 转换器的形式

2) 比较器

在数字比较系统中,使用的比较器有多种结构,根据其功能可分为两类:一是数码比较器,二是数字脉冲比较器。在数码比较器中,比较的是两个数码信号,而输出可以是定性的,即只指出参加比较的数谁大谁小,也可以是定量的,指出大多少或小多少。现在有许多通用大规模芯片可以完成这个任务,特别是用软件程序实现很方便。这里介绍一种具有脉冲分离功能的数字脉冲比较器,图 6.17 所示为该比较器的构成原理图。图中 U_1, U_4, U_5, U_s, U_9 均为或非门;U_2, U_3, U_6, U_7 为 D 触发器;U_{12} 为八位移位寄存器;U_{10}, U_{11} 为单稳态触发器;U_{14} 为可逆计数器。

当指令脉冲 $P_c +$(或 $P_c -$)与反馈脉冲 $P_f +$(或 $P_f -$)分别到来时,在 U_1 和 U_5 中同一时刻只有一路有脉冲输出,所以 U_9 的输出始终是低电平。假如此时工作台做正向运动,正向指令脉冲 $P_c +$ 和正向运动时的反馈脉冲 $P_f +$ 不同时来。$P_c +$ 经 U_1、U_2、U_3 和 U_4 输出,使可逆计数器做加法计数。$P_f +$ 经 U_5, U_6, U_7 和 U_8 输出,使可逆计数器做减法计数。反向运动时,有反向指令脉冲 $P_c -$ 和反向反馈脉冲 $P_f -$;$P_c -$ 加到 U_5 门输入端作为减计数脉冲,$P_f -$ 加到 U_1 门输入端作为加计数脉冲。工作过程与正向运动时相同。

当指令脉冲与反馈脉冲同时到来时,U_1 与 U_5 的输出同时为"0",则 U_9 输出为"1",单稳

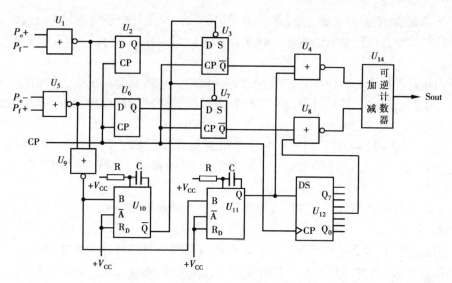

图 6.17 数字脉冲比较器的构成原理

态触发器 U_{10} 和 U_{11} 有脉冲输出。U_{10} 输出的负脉冲同时封锁 U_3 与 U_7，使上述正常情况下计数脉冲通路被禁止。U_{11} 的正脉冲输出分成两路，先经 U_4 输出做加法计数，再经 U_{12} 延迟 4 个时钟周期由 U_8 输出做减法计数。

由上述分析可知，该比较器具有脉冲分离功能。在加、减脉冲先后到来时，各自按预定的要求经加法计数端或减法计数端进入可逆计数器；若加、减脉冲同时到来时，则由电路保证，先做加法计数，然后经过几个时钟的延迟再做减法计数。这样，可保证两路计数脉冲均不会丢失。

6.3.3 相位比较伺服系统

相位比较伺服系统是数控机床常用的一种伺服控制系统，它的结构形式与所用的位置检测元件有关，常用位置检测元件是旋转变压器和感应同步器，并且工作在相位工作状态。

（1）相位比较伺服系统的构成及工作原理

图 6.18 为相位比较伺服系统的方框图，它由基准信号发生器、脉冲调相器（或叫脉冲-相

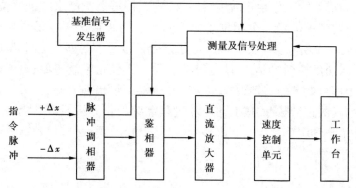

图 6.18 相位比较伺服系统的方框图

位变换器)、鉴相器、直流放大器、速度控制单元检测元件及信号处理线路和执行元件等组成。

基准信号发生器作用是输出的是一列具有一定频率的脉冲信号,为伺服系统提供一个相位比较基准。

脉冲调相器的作用是将来自数控装置的进给脉冲信号转换为相位变化的信号,该相位变化信号可用正弦信号或方波信号表示。若数控装置没有进给脉冲输出,脉冲调相器的输出与基准信号发生器的基准信号同相位,即两者没有相位差;若数控装置有脉冲输出,则每输出一个正向或反向进给脉冲,脉冲调相器的输出将超前或滞后基准信号一个相应的相位角 ϕ_1。若CNC装置输出 N 个正向进给脉冲,则脉冲调相器的输出就超前基准信号一个相位角 $\phi = N\phi_1$。

测量元件及信号处理线路的作用是将工作台的位移量检测出来,并表达成与基准信号之间的相位差。

鉴相器的输入来自脉冲调相器的指令信号和来自测量及信号处理线路的反馈信号(代表工作台实际位移量)两路信号。这二路信号都是用它们与基准信号之间的相位差来表示,且同频率、同周期。当工作台实际移动的距离小于进给脉冲要求的距离时,这两个信号之间便存在一个相位差,这个相位差的大小就代表了工作台实际移动距离与进给脉冲要求的距离之差,鉴相器就是鉴别这个误差的电路,它的输出是与此相位差成正比的电压信号。

驱动和执行元件包括速度控制单元和伺服电机,鉴相器的输出信号一般比较微弱,需要放大,再经过速度控制单元驱动电机带动工作台运动。

相位伺服系统利用相位比较的原理进行工作。当数控机床的数控装置要求工作台沿一个方向进给时,插补器或插补软件便产生一系列进给指令脉冲,其数量、频率和方向分别代表了工作台的指令进给量、进给速度和进给方向。进给脉冲首先送入伺服系统位置环的脉冲调相器。假定送入伺服系统 200 个 X 轴正向脉冲,经脉冲调相器变为超前基准信号相位角 $\phi = 200\phi_1$ 的信号(ϕ_1 为一个脉冲超前的相位角),该信号作为指令信号被送入鉴相器作为相位比较的一个量。在工作台运动以前,因工作台没有位移,故测量元件及信号处理线路的输出与基准信号同相位,即两者相位差 $\theta = 0$,该信号作为反馈信号也被送入鉴相器。在鉴相器中,指令信号与反馈信号进行比较。由于二者都是相对于基准信号的相位变化的信号,因此,它们之间的相位差就等于 $\phi - \theta$,此时, $\phi - \theta = 200\phi_1$。鉴相器将该相位差检测出来,并作为跟随误差信号,经直流放大,变为速度控制单元的速度指令值,然后由速度控制单元驱动电机带动工作台运动,使工作台正向进给。工作台正向进给后,检测元件马上检测出此进给位移,并经过信号处理线路转变为超前基准信号一个相位角的信号。该信号被送入鉴相器与指令信号进行比较,若 $\theta \neq \phi$,说明工作台实际移动的距离不等于指令信号要求的移动距离,鉴相器将 ϕ 和 θ 的差值检测出来,送入速度控制单元,驱动电机转动带动工作台继续进给;若 $\theta = \phi$,说明工作台移动距离等于指令信号要求的移动距离,此时,鉴相器的输出 $\phi - \theta = 0$,工作台停止进给。如果数控装置又发出新的进给脉冲,按上述循环过程继续工作。从伺服系统的工作过程可以看出,它实际上是一个自动调节系统。如果多个坐标进给,原理一样,只是每个坐标都配备一套这样的系统即可。

(2)鉴相器

鉴相器又称相位比较器,它的作用是鉴别指令信号与反馈信号之间的相位差,把它变成一个带极性的误差电压信号作为速度单元的输入信号。鉴相器的结构形式很多,在普通相位系统中,需鉴相的信号为正弦波时,常用二极管、变压器等元件组成的鉴相器,成为二极管(或变压器)鉴相器。在数字脉冲相位系统中,需鉴相的信号呈方波形式,常用的有触发器鉴相器(也称门电路鉴相器)、半加器鉴相器和数字鉴相器等。下面以触发器鉴相器为例说明鉴相的工作原理。

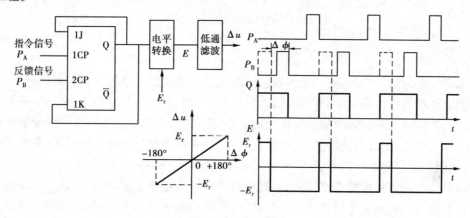

图 6.19　触发器鉴相器

图 6.19 所示为触发器鉴相器,该触发器为不对称触发的双稳态触发器。从脉冲调相器来的信号 P_A 和由位置检测线路来的位置相位信号都是方波(或脉冲)信号,故可用开关工作状态的触发器鉴相器。如图中所示,指令信号 P_A 和反馈信号 P_B 分别控制触发器的两个触发端,如果两者相差 180°,Q 端输出方波。经电平转换,变为对称方波,且正负幅值对零电位也对称,经低通滤波器输出的直流平均电压为零。若反馈信号 P_B 超前(两个信号比较基准是 180°)指令信号 P_A 一个相位 $\Delta\phi$,则输出方波为上窄下宽,其平均电压为一负电压 $-\Delta u$;反之为一正电压 $+\Delta u$。从输出特性可以看出,相位差 $\Delta\phi$ 与误差电压 Δu 呈线性关系。该鉴相器的灵敏度(即相位-电压变换系数)为: $k_d = E_R/180°(\mathrm{V}/°)$,式中 E_R 表示电平转换器输出方波的幅值。

该鉴相器的最大鉴相范围为 ±180°,超过这个范围就要失步。要扩大鉴相范围,可以用指令信号和反馈信号进行分频的方法实现,同时用提高系统增益来补偿由于分频降低了的鉴相灵敏度。

6.3.4　幅值比较伺服系统

幅值比较伺服系统是以位置检测信号的幅值大小来反映机械位移的数值,并以此作为位置反馈信号与指令信号进行比较构成的闭环控制系统,所用位置检测元件为旋转变压器或感应同步器,以幅值工作方式工作。

(1)幅值比较伺服系统的组成

幅值比较伺服系统的组成见图 6.20 所示。该系统由测量元件及信号处理电路、比较器、数模转换器、位置调节器和速度控制单元等组成。

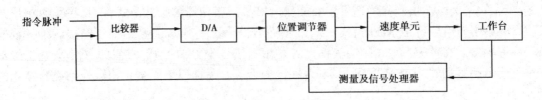

图 6.20   幅值伺服系统的组成框图

(2)幅值比较伺服系统工作原理

进入比较器的信号有两路:一路来自数控装置插补器或插补软件的进给指令脉冲,它代表了数控装置要求机床工作台移动的位移量;另一路来自测量及信号处理电路的数字脉冲信号,它是由代表工作台位移的幅值信号转换来的。幅值系统工作前,数控装置和测量信号处理电路都没有脉冲输出,比较器输出为零,这时,执行元件不能带动工作台移动。出现进给脉冲信号之后,比较器的输出不再为零,执行元件开始带动工作台移动,同时,以幅值方式工作的测量元件又将工作台的位移检测出来,经信号处理线路转换成相应的脉冲信号,该信号作为反馈信号进入比较器与进给脉冲进行比较。若二者相等,比较器输出为零,说明工作台实际移动的距离等于指令信号要求工作台移动的距离,执行元件停止带动工作台移动;若二者不等,说明工作台实际移动的距离还不等于指令信号要求工作台移动的距离,执行元件继续带动工作台移动,直到比较器输出为零时停止。

在幅值伺服系统中,数模转换电路的作用是将比较器输出的数字量转化为直流电压信号,该信号由位置调节器处理输出,作为速度给定加到速度控制单元输入端,由速度控制单元控制伺服电机运动,从而驱动工作台移动。

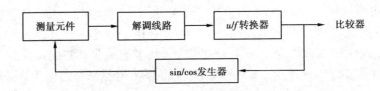

图 6.21   测量元件及信号处理线路的框图

测量元件及信号处理电路是将工作台的机械位移检测出来并转换为数字脉冲。图 6.21 所示为测量元件及信号处理线路的框图,它主要由测量元件、解调电路、电压频率转换器和 sin/cos 发生器组成。由测量元件的工作原理可知,当工作台移动时,测量元件根据工作台的位移量即丝杆转角 $\alpha_{机}$,输出正弦电压信号 $V_{out} = kV_m \sin \omega t \sin(\alpha_{机} - \alpha_{电})$,$\alpha_{电}$ 是此时测量元件激磁信号的电气角。该电压信号的幅值 $kV_m \sin(\alpha_{机} - \alpha_{电})$ 代表工作台的位移。此正弦信号经滤波、放大、检波、整流以后,变成方向与工作台移动方向相对应,幅值与工作台位移成正比的直流电压信号,这个过程称为解调。解调电路也称鉴幅器。解调后的信号经电压频率转换器变成计数脉冲,脉冲个数与电压幅值成正比,并用符号触发器表示方向。一方面,该计数脉冲及其符号送到比较器与进给脉冲比较;另一方面,经 sin/cos 发生器,产生驱动测量元件的二路信号 sin 和 cos。该驱动信号是方波信号,它的脉宽随计数脉冲的频率而变。根据傅氏变换展开式,该方波信号作用于测量元件时,其基波信号分量为:$V_s = V_m \sin \alpha_1 \sin \omega t$ 和 $V_c = V_m \cos \alpha_1 \cdot \sin \omega t$,其中电气角 α_1 的大小由方波的宽度决定。若测量元件的转子没有新位移,因激磁信号电气角由 α 变到 α_1,它所输出的幅值信号也随之变化,而且逐渐趋于零,若输出的新的幅值 $V'_{out} = kV_m\sin\omega t\sin(\alpha_机 - \alpha_电)$ 不为零,V'_{out} 将再一次经解调线路、电压频率变换器、sin/cos 信号发生器,产生下一个激磁信号,该激磁信号将使测量元件的输出进一步接近于零,这个过程不断重复,直到测量元件的输出为零时止,此时 $\alpha_机 = \alpha_电$。在这个过程中,电压频率转换送给比较器的脉冲数量正好等于 $\alpha_机$ 角所代表的工作台的位移量。

如上所述,图 6.21 中解调电路称为鉴幅器,又称解调器。图 6.22 为解调器组成框图,它包括低通滤波器、放大器和检波器 3 部分。

图 6.22　解调器(鉴幅器)组成框图

由于测量元件的激磁信号 sin/cos 是方波信号,傅氏展开后,可分解为基波信号和无穷个高次谐波信号。因此,测量元件的输出除包含基波信号 V_{out} 之外,也必然含有这些高次谐波,故在解调线路中,必须首先进行滤波,将这些高次谐波的影响排除掉,可用低通滤波器将它滤掉。放大器用来提高输出阻抗,使滤波器有良好的阻抗匹配。检波器的作用是将滤波后的基波正弦信号转变为直流电压。

幅值系统中比较器的作用是对指令脉冲信号和反馈脉冲信号进行比较,其原理与前述脉冲比较器类似,不再分析。

6.3.5　数字伺服系统概述

随着微电子技术、计算机技术和伺服控制技术的发展,数控机床的伺服系统已开始采用高速、高精度的全数字伺服系统,使伺服控制技术从模拟方式、混合方式走向全数字方式。

(1)数字伺服系统及其特点

数字伺服系统利用计算机技术,在专用硬件数字电路支持下,全部用软件实现数字控制。它是一种离散系统,包含 2 个基本环节:采样器(或采样开关)和保持器,如图 6.23 所示。

采样开关每隔 T 秒钟闭合一次,使输入信号通过,采样时间与被控制对象的最大时间常数相比是很小的,它把连续信号变成了发生在每个采样瞬间 $0,T,2T,3T,\cdots$ 的一串脉冲列,T 为采样周期。

保持器是将断续的离散信号恢复成连续信号的装置,最简单的方法是使两个相邻的采样瞬间的信号保持常量(如图 6.23 中的 $x_h(t)$ 所示),即所谓零阶保持器。

现在来看看离散系统中如何产生 PID 控制作用(与连续系统相比较)。图 6.24 中图(a)为比例(P)控制,图(b)为微分(D)控制,图(c)为积分(I)控制。图中 S 为拉氏变换因子,Z 为 Z 变换因子,$Z^{-1} = e^{-TS}$,Z^{-1} 表示在第一个采样周期的脉冲过渡函数,Z^{-n} 表示在第 n 个采样周期的脉冲过渡函数。

作为一个特例,取 $f_p(t) = 1$(单位阶跃函数),并取 $e^{-aT} = 0.5$。根据上述的无穷级数求得

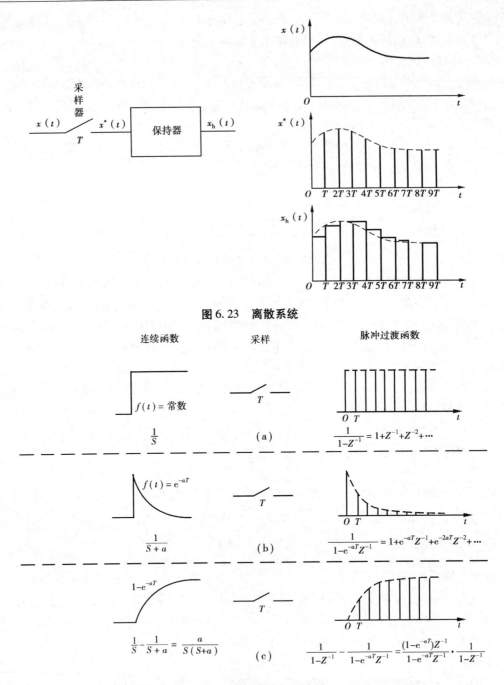

图 6.23   离散系统

图 6.24   离散系统 PID 控制

（a）阶跃函数（比例作用）　（b）指数衰减函数（微分作用）　（c）指数上升函数（积分作用）

PID 函数的采样序列如图 6.25 所示。

采用数字 PID 控制的软件伺服系统的结构如图6.26所示。由位置、速度和电流构成的三环反馈全部数字化,反馈到计算机,由软件处理,其算法、结构和参数均可以改变,因此,可以获得比硬件伺服更好的性能。它具有以下特点：

①采用现代控制理论,通过计算机软件实现最佳最优控制。

②数字伺服系统是一种离散系统,由位置、速度和电流构成的三环反馈实现全部数字化,由计算机处理,其校正环节的 PID 控制由软件实现,控制参数 K_p,K_I 和 K_D 可以自由设定,自由改变,非常灵活方便。

③数字伺服系统具有较高的动、静态精度。在检测灵敏度、时间、温度漂移以及噪声及外部干扰等方面都优越于模拟伺服系统和模拟数字混合伺服系统。

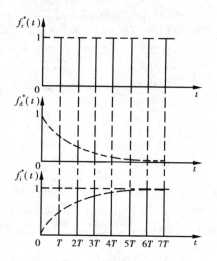

图 6.25　PID 函数的采样序列

(2)高速、高精度伺服系统的发展

数控机床伺服系统是根据反馈控制原理工作的。这种传统伺服系统必然会产生滞后误差。数字伺服系统可以利用计算机和软件技术采用新的控制方法改善系统性能。

①前馈控制(Feedforword Control)　引入前馈控制,

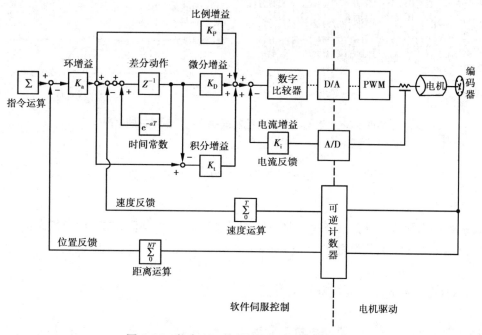

图 6.26　数字 PID 软件控制伺服系统方框图

实际上构成了具有反馈和前馈的复合控制的系统结构。这种系统在理论上可以完全消除系统的静态位置误差,即实现"无差调节"。微分环节的前馈控制可以补偿积分环节的相位滞后,从而提高控制精度。图 6.27 所示为带与不带前馈控制的系统加工轨迹的比较。

②预测控制(Predictive Control)　这是目前用来减小伺服误差的另一方法。它通过预测整个机床的伺服传递函数,再改变伺服系统的输入量,以产生符合要求的输出。

③学习控制(Learning Control)或重复控制(Repetivive Contorl)　这种控制方法适用于周期性重复操作指令情况下的数控加工,可以获得高速、高精度的效果。它的工作原理是:在第一个加工过程中产生的伺服滞后误差,经过"学习",系统能记住这个误差的大小,当执行以后各周期

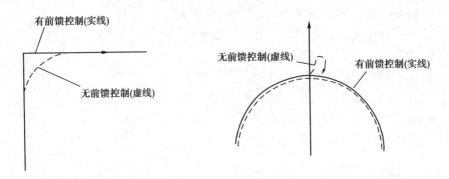

图 6.27　带与不带前馈控制的系统加工轨迹的比较

的指令时会自动地把这个误差值加到指令值中,以达到精确、无滞后地跟踪指令,图6.28所示为带与不带学习控制器的系统位置误差的比较。"学习控制"是一种智能型的伺服控制。

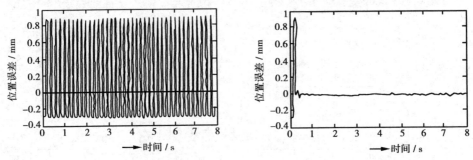

图 6.28　带与不带学习控制器的系统位置误差的比较

6.4　直流伺服电机与调速系统

直流伺服电机具有良好的调速特性,因此,从 20 世纪 70 年代以来,数控机床进给伺服系统中广泛地采用了直流伺服电机。

6.4.1　直流伺服电机的结构与工作原理

根据磁场产生的方式。直流电机可分为他激式、永磁式、并激式、串激式和复激式。永磁式直流伺服电机有较宽的调速范围,因其优良的性能在数控机床上获得了广泛应用,这里就以永磁直流伺服电机为例介绍直流伺服电机的结构与工作原理。

永磁直流伺服电机的结构如图 6.29 所示,其本体由机壳、定子磁极、转子电枢及电刷几部分组成。反馈用的检测元件有高精度的测速发电机、旋转变压器或脉冲编码器等,它们安装在电机的尾部。

定子磁极是一个永磁体,所用的磁性材料主要是陶瓷铁氧体、铝镍钴、稀土钴 3 种材料,其中稀土钴性能最好,陶瓷铁氧体价格最低,但铁氧体材料的磁性能受温度影响较大。定子磁极的形状目前多采用瓦状结构,并加上极靴以聚集气隙磁通,如图 6.30 所示。

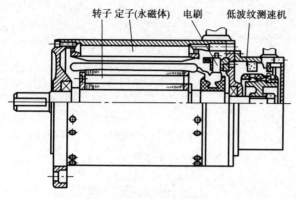

图 6.29 永磁直流伺服电机的结构

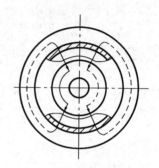

图 6.30 定子磁极的结构

转子电枢有普通型电枢、空心杯形电枢、无槽电枢、印刷绕组电枢。后 3 种形式的转子惯量很小,由它们构成的小惯量电机主要适用于要求快速响应的伺服系统,但过载能力差,与机械系统的惯量匹配性较差。采用普通型转子电枢的永磁电机转子惯量大,可以克服上述缺点,所以被称为大惯量直流伺服电机。

根据电机原理,电磁力矩可用下式计算,即

$$T_{\mathrm{M}} = K_{\mathrm{T}}I_{\mathrm{a}} = \frac{pN}{2\pi a}\Phi I_{\mathrm{a}}$$

式中　　T_{M}——电磁转矩;

　　　　K_{T}——电机的转矩系数;

　　　　p——极对数;

　　　　N——电枢绕组的导体数;

　　　　a——并联支路对数;

　　　　Φ——磁极磁通量;

　　　　I_{a}——电枢电流。

为了得到大的输出力矩,大惯量的永磁直流伺服电机的定子磁极采用高性能的磁性材料以产生强磁场 Φ,转子电枢采用的普通型有槽电枢的结构与一般直流电机的电枢相似,只是电枢铁芯上的槽数较多,增加了磁极对数 p,提高了电机的力矩系数,且槽的截面积较大,在一个槽内分布了几个虚槽,以减小转矩的波动。此外,电枢铁芯长度对直径的比大一些,气隙较小。

永磁直流伺服电机的工作原理与普通的直流电机基本相同。在永磁式电机中,用永久磁铁代替普通直流电机的励磁绕组和磁极铁芯,同样,可在电机气隙中建立主磁通,从而产生感应电势和电磁转矩。

6.4.2 直流伺服电机的特性

(1)电机的静态特性

根据电机原理,直流伺服电机工作时,电枢回路的电压平衡方程式为

$$U_{\mathrm{a}} = I_{\mathrm{a}}R_{\mathrm{a}} + E_{\mathrm{a}}$$

式中　　U_{a}——电枢上的外加电压;

I_a——电枢电流；

R_a——电枢电阻；

E_a——电枢反电势。

电枢反电势与转速之间有以下关系：

$$E_a = K_e \cdot \omega$$

式中　K_e——电势系数$(K_e = c_e\Phi)$；

　　　ω——电机转速(角速度)。

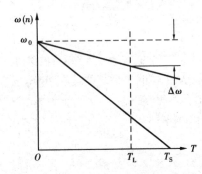

图 6.31　直流伺服电机的机械特性

根据以上各式及 $T_M = K_T I_a$ 可以求得

$$\omega = \frac{U_a}{K_e} - \frac{R_a}{K_e K_T} T_M$$

此式表明了电机转速与电磁力矩的关系,此关系称为机械特性,如图 6.31 所示。机械特性是静态特性,是稳定运行时带动负载的性能,此时,电磁转矩与所带负载转矩相等。

当负载转矩为零时,电磁转矩也为零,这时 $\omega_0 = U_a/K_e$ 称为理想空载转速。

当转速为零,即电机刚通电,此时的启动转矩为:

$T_s = K_T \cdot U_a/R_a$, T_s 为启动转矩,又称堵转转矩。

当电机带动某一负载 T_L 时,电机转速与理想空载转速 ω_0 会有一个差值 $\Delta\omega$,可表明机械特性的软硬,$\Delta\omega$ 越小,机械特性越硬。$\Delta\omega$ 的大小与电机的调速范围有密切关系。机械特性软,$\Delta\omega$ 值大,则不可能实现宽范围的调速。

(2) 直流伺服电机的动态特性

在数控机床的进给伺服系统中,电机经常处于过渡过程状态工作,其动态特性直接影响着生产率、加工精度和表面质量。直流伺服电机有优良的动态品质。

直流电机的力矩平衡方程式为

$$T_M - T_L = J\frac{d\omega}{dt}$$

式中　T_M——电机电磁转矩；

　　　T_L——折算到电机轴上的负载转矩；

　　　ω——电机转子角速度；

　　　J——电机转子上总转动惯量；

　　　t——时间自变量。

该式表明动态过程中,电机由直流电能转换来的电磁转矩 T_M 克服负载转矩后,其剩余部分用来克服机械惯量,产生加速度,使电机由一种稳定状态过渡到另一种稳定状态。

这一过程时间的长短决定于电机的时间常数,该常数由电机的机械和电气结构参数确定,它反映了电机响应的快慢程度。为了取得平稳的、快速的、无振荡的、单调上升的转速过渡过程,要减小过渡过程时间。为此,小惯量电机采取的措施是:从结构上减小其转子转动惯量 J；大惯量电机采取的措施是:从结构上提高启动力矩 T_s。

（3）永磁直流伺服电机的特性曲线

图 6.32 所示为电机的转矩速度特性曲线。伺服电机的工作区域被温度极限线、转速极限线、换向极限线、转矩极限线以及瞬时换向极限线分成 3 个区域：Ⅰ区为连续工作区，在该区域内可对转矩和转速做任意组合，都可长期连续工作。Ⅱ区为断续工作区，此时电机只能根据负载周期曲线（见图 6.33）所决定的允许工作时间和断电时间做间歇工作。Ⅲ区为加速和减速区域，电机只能用做加速或减速，工作一段极短的时间。

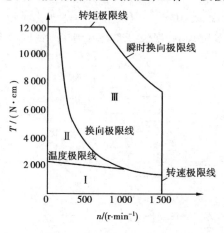

图 6.32　永磁直流伺服电机的转矩速度特性曲线

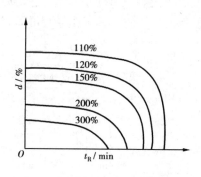

图 6.33　永磁直流伺服电机的
负载-工作周期曲线

图 6.33 所示，为电机的负载-工作周期曲线。图中横坐标为电机的工作时间 t_R，纵坐标为加载周期比 $d = t_R/(t_R + t_F)$（%）（其中 t_F 为电机的断电时间）。不同的过载倍数 T_{md} = 负载转矩/连续额定转矩，对应不同的曲线。负载-工作周期曲线给出了在满足机械所需转矩，而又确保电机不过热的情况下，允许电机的工作时间。

6.4.3　直流伺服电机的调速控制

（1）直流伺服电机的调速方法

由上所述，直流伺服电机的转速可用下式计算，即

$$\omega = \frac{U_a - I_a R_a}{K_e}$$

式中　U_a, I_a, R_a——电枢回路的电压、电流和电阻；

K_e——电势系数（$K_e = c_e \Phi$）。

由此式出发，电机的调速方法主要采用如下两种方法：

①改变电枢电压。即改变加于电动机电枢绕组的电压 U_a，对电机的转速进行调节。

②改变气隙磁通量。对于他激式电机，在保持电枢电压恒定情况下，改变激磁绕组的电流，可改变磁场 Φ，从而改变电机转速。因为电机在额定运行条件下，磁场接近饱和，只能弱磁调节。当弱磁时，Φ 下降，则 ω 上升，即转速高于额定转速，向上调节，而降低 Φ，会使机械特性变软，所以一般调磁的调速范围小于 4∶1。

(2)直流速度控制单元

数控机床伺服系统中,速度控制已经成为一个独立、完整的模块,称为速度控制单元。采用较多的是晶闸管(即可控硅 SCR)调速系统和晶体管脉宽调制(PWM)调速系统。这两种均可用作永磁直流伺服电机调速的控制电路,调速方法是改变电机电枢电压。直流速度控制单元接收转速指令信号(多为电压值),改变为相应的电枢电压,达到速度调节的目的。

1)晶闸管调速系统

图 6.34 为晶闸管(可控硅)直流调速系统。该系统由内环-电流环、外环-速度环和可控硅整流放大器(SCR)等组成。它是通过改变晶闸管触发角 α,来改变输出电压,达到调节直流电机速度的目的。其工作原理可简述如下:

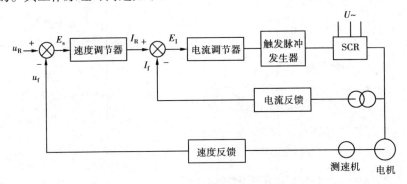

图 6.34　晶闸管(可控硅)直流调速系统

当来自数控装置的速度指令电压 U_R(直流 0 ~ 10 V,极性对应电机转向)增大时,由于速度反馈电压 U_f 尚未变化,则二者差值 E_s 增大,速度调节器输出电压增大,使触发脉冲前移(即减小 α 角),整流器输出电压提高,电机转速上升,同时,测速元件(装在电动机轴上的测速发电机或光电脉冲编码器)输出电压 U_f 随之增大,使 E_s 减小,电机转速上升减缓,当 U_f 接近或等于 U_R 时,系统达到新的动态平衡,电机就以较高速度稳定运转。如果系统受到干扰,如负载增大时,电机转速就要下降,此时 U_f 下降,E_s 增大,同理使电机转速上升恢复到干扰前的速度。如果电网电压突然降低,则整流器输出电压随之降低,由于惯性电机转速尚未变化之前,首先引起电枢回路电流 I_f(由电流传感器取自 SCR 的主回路)减小,电流偏差信号 E_I 增大,电流调节器的输出增加,触发脉冲前移,整流器输出电压恢复到原来值,从而抑制了电枢回路电流的变化,即内环-电流环起作用。

该系统的功率放大由可控硅(SCR)功率放大器完成。它除用作整流,将电网交流电源变为直流外,还将调节回路的控制功率放大,得到较高电压与较大电流以驱动电机。在可逆控制电路中,电动机制动时,把电动机运转的惯性能转变为电能,并回馈给交流电网。为了对功率放大器进行控制,必须设有触发脉冲发生器,以产生合适的触发脉冲。该脉冲必须与供电电源频率及相位同步,以保证可控硅的正确触发。

直流电机的电枢回路多采用三相全控桥式反并联整流电路,图 6.35 所示为三相全控桥无环流反并联可逆电路。晶闸管分两组(Ⅰ和Ⅱ),每组按三相桥式连接,两组反并联,分别实现正转和反转。每组晶闸管都有两种工作状态:整流和逆变。一组处于整流工作时,另一组处于待逆变状态。在电机降速时,逆变组工作。

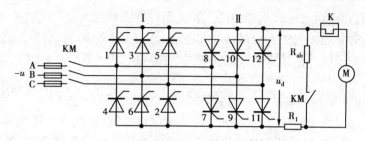

图 6.35　三相全控桥无环流反并联可逆电路

在这种电路(正转组或反转组)中,需要共阴极组中一个晶闸管和共阳极组中一个晶闸管同时导通才能构成通电回路,为此必须同时控制。共阴极组的晶闸管是在电源电压正半周内导通,顺序是 1,3,5;共阳极组的晶闸管是在电源电压负半周内导通,顺序是 2,4,6。共阳极组或共阴极组内晶闸管的触发脉冲之间的相位差是 120°,在每相内两个晶闸管的触发脉冲之间的相位差是 180°,按管号排列顺序为 1—2—3—4—5—6,相邻触发脉冲之间的相位差是 60°。

晶闸管双环调速系统的缺点是:在低速轻载时,电枢电流出现断续,机械特性变软,整流装置的外特性变陡,总放大倍数下降,同时也使动态品质恶化。为此,一方面可采取电枢电流自适应调节器;另一方面,可采用增加一个电压调节器内环,组成三环系统来解决。

2)晶体管脉宽调制调速系统

近年来,由于大功率晶体管工艺上的成熟和高反压大电流的模块型功率晶体管的商品化,晶体管脉宽调制(PWM)型的直流调速系统得到了广泛的应用。与可控硅相比,晶体管控制简单,开关特性好,克服了可控硅调速系统的波形脉动,特别是轻载低速调速特性差的问题。

图 6.36 为 PWM 调速系统构成原理框图。该系统由控制部分、晶体管开关式放大器和功率整流 3 部分组成。控制部分包括速度调节器、电流调节器、固定频率振荡器及三角波发生器、脉冲宽度调制器和基极驱动电路等。控制部分的速度调节器和电流调节器与可控硅调速系统一样,同样采用双环控制,不同的只是脉宽调制和功率放大器部分,它们是 PWM 调速系统的核心。

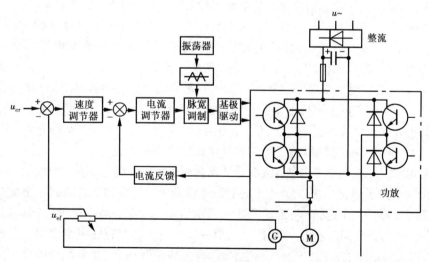

图 6.36　PWM 调速系统构成原理框图

其工作原理是，使功率放大器中的晶体管工作在开关状态下，开关频率保持恒定，用调整开关周期内晶体管导通时间的方法来改变其输出，从而使电动机电枢两端获得宽度随时间变化的给定频率的电压脉冲。脉宽的连续变化，使电枢电压的平均值也连续变化，因而使电机的转速连续调整。

以下介绍 PWM 调速系统的核心部分。

①脉宽调制器　在 PWM 调速系统中，脉宽调制器的作用，是使电流调节器输出的直流电压电平（随时间按给定指令变化）与振荡器产生的确定频率的三角波叠加，然后利用线性组件产生宽度可变的矩形脉冲，经基极的驱动回路放大后加到功率放大器晶体管的基极，控制其开关周期及导通的持续时间。电流调节器输出的直流电压电平，是由插补器输出的速度指令转化而来的。经过脉宽调制器变为周期固定，脉宽可变的脉冲信号，脉冲宽度的变化随着速度指令变化而变化。由于脉冲周期不变，脉冲宽度改变将使脉冲平均电压改变。

脉冲宽度调制器的种类很多，但从构成来看，都是由两部分组成，一是调制信号发生器，二是比较放大器。而调制信号发生器都是采用三角波发生器或锯齿波发生器。

图 6.37 为一种用三角波作为调制信号的脉宽调制器，该脉宽调制器适合双极性可逆式开关功率放大器。其中图（a）为三角波发生器，三角波发生器由二级运算放大器组成。第一级运算放大器 Q_1 组成的线路，实际上是频率确定的自激方波发生器，在它的输出端接上一个由运算放大器 Q_2 构成的积分器。其工作过程如下：

设在电源接通瞬间 Q_1 的输出电压均为 $-V_d$（运算放大器电源电压），被送到 Q_2 的反相输入端。Q_2 组成的电路是一个积分器，输出电压逐渐升高，按线性比例关系上升，同时又被反馈到 Q_1 的输入端与 u_B（u_B 通过 R_2 正反馈到 Q_1 的输入端）进行比较，当比较之后的 $u_A > 0$ 时，也就立即翻转，由于正反馈的作用，瞬间达到最大值 $u_B = +V_d$。此时，$t = t_1$ 而 $u_\Delta = V_d R_5 / R_2$。而在 $t_1 < t < T$ 的区间，由 Q_2 输入端为 $+V_d$，经积分 Q_2 的输出电压 u_Δ 线性下降。当 $t = T$ 时，u_A 略小于零，Q_1 再次翻转为原来状态 $-V_d$，即 $u_B = -V_d$，而 $u_\Delta = -V_d R_5 / R_2$。如此，周而复始，形成自激振荡，于是在 Q_2 的输出端得到一串三角波电压，各点波形见图 6.38 中的上图。

图 6.37 中的（b），（c）为比较放大器电路，该线路能实现图 6.38 中的 u_{b1}，u_{b2}，u_{b3} 和 u_{b4} 的波形。在晶体管 T_1 的前面电路中设有比较放大器 Q_3，三角波电压 u_Δ 与控制电压 u_{er} 比较后送入 Q_3 的输入端。当 $u_{er} = 0$ 时，运算放大器 Q_3 输出电压的正负半波脉宽相等（图中未画）。当 $u_{er} > 0$ 时，比较放大器 Q_3 的输出脉冲正半波宽度小于负半波宽度，而当 $u_{er} < 0$ 时，比较放大器 Q_3 输出脉冲正半波宽度大于负半波宽度。如果三角波的线性度很好，则输出脉冲宽度可正比于控制电压 u_{er}，从而实现了模拟电压脉冲的转换。图中 u_{b1}，u_{b2}，u_{b3} 和 u_{b4} 是在一种特定情况下（输入信号为 $u_\Delta + u_{er}$）放大器 Q_3，Q_4，Q_5 和 Q_6 同时分别产生的 4 种脉冲信号。图中晶体管 T_1，T_2，T_3，T_4 是为了脉宽调制器的驱动功率并保证它的正脉冲输出。

②开关功率放大器　开关功率放大器是脉宽调制速度单元的主回路。从结构形式可分为 T 型放大器和 H 型放大器，在工作方式上又都有双极性和单极性 2 种工作方式。下面介绍一种用得最为广泛的 H 型开关电路，其电路图如图 6.39 所示。它由 4 个晶体管和 4 个续流二极管组成的桥式回路。M 为直流伺服电机，直流供电电源 $+E_d$ 由三相全波整流电源供给。它的控制方法为：将脉宽调制器输出的脉冲波 u'_{b1}，u'_{b2}，u'_{b3} 和 u'_{b4} 经基极驱动电路、光电耦合电路变为 U_{b1}，U_{b2}，U_{b3} 和 U_{b4} 信号加到开关功率放大器 4 个晶体管的基极，它们的波形见图 6.38，是 u_{b1}，u_{b2}，u_{b3} 和 u_{b4} 驱动放大后的脉冲波，U_{b1}，U_{b2}，U_{b3} 和 U_{b4} 在相位、极性上与 u_{b1}，u_{b2}，u_{b3} 和 u_{b4} 相同。

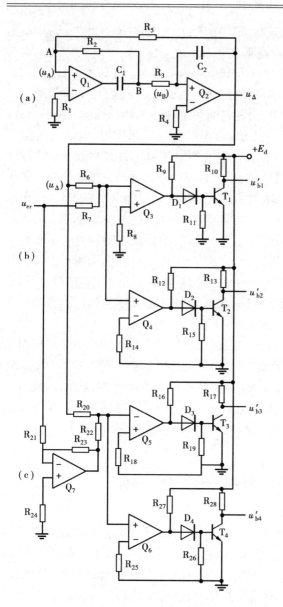

图 6.37 脉宽调制器

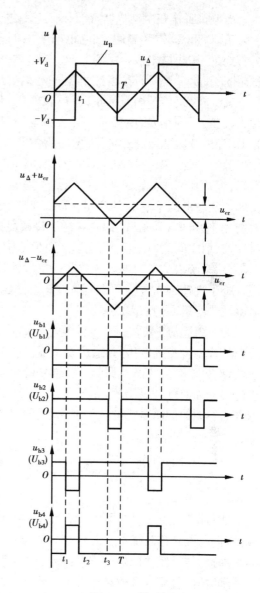

图 6.38 波形图

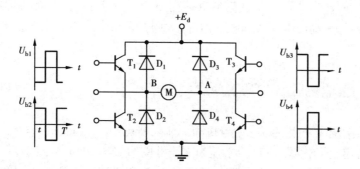

图 6.39 H 型开关功率放大器

当电机工作在电动机状态时(即非制动、减速状态),在 $0 \leqslant t < t_1$ 的时间区间内,U_{b2},U_{b3} 电压为正,T_2 和 T_3 饱和导通,在电枢两端加上直流电源向电机供给能量,这时电流方向从电源 $+ E_d$ 经 T_3、电机电枢、T_2、回到电源。在 $t_1 \leqslant t < t_2$ 时,U_{b1},U_{b3} 均为负值,T_1 和 T_3 截止,电源 $+ E_d$ 被切断,而此时 U_{b3} 为正,因此由电枢电感的作用,电流经 T_2 和续流二极管 D_4 继续导通。在 $t_2 \leqslant t < t_3$ 时,U_{b2},U_{b3} 同时为正,$+ E_d$ 又经 T_2 和 T_3 加至电枢两端,电流继续流通。在 $t_3 \leqslant t < T$ 时,U_{b2},U_{b4} 同时为负,电源 $+ E_d$ 再次被切断,U_{b3} 为正值,由于电枢电感的作用,电枢电流经 T_3 和 D_1 而继续流通。由此可见,主回路输出电压(加在电枢上的电压)U_{AB} 是在 0 和 $+ E_d$ 之间变化的脉冲电压。改变控制电压的大小,即可改变电枢两端的电压波形,从而改变电枢电压的平均值,以达到调速的目的。当控制电压为负时,电源 $+ E_d$ 通过 T_1 和 T_4 向电机电枢供电,电机反转。从波形图中可看出,当 T_1 导通时,T_2 截止,以及 T_3 导通时 T_4 截止,反之亦然。为了不致造成 T_1 和 T_2,T_3 和 T_4 同时导通而烧毁晶体管,在电路设计时,要保证上述两对管子先截止后导通,而中间的时间应大于晶体管的关断时间。所以在 PWM 速度控制单元还要加特性校正环节,来解决这个问题。开关功率放大器输出电压的频率比每个晶体管开关频率高一倍,从而弥补了大功率晶体管开关频率不能做得很高的缺陷,改善了电枢电流的连续性,这也是这种电路被广泛采用的原因之一。

为了能适应 PWM 型速度控制单元的特点,还需要适当改变直流伺服电机:一是将伺服电机设计成小电流高电压,以适应小电流高反压的晶体管较易制造的特点;二是尽量减小电机转子惯量,以充分发挥脉宽调制方式的快速性特点,使伺服电机有更大的转矩/惯量比,从而有更高的理论加速度和更快的响应。有些生产厂称这种电机为中惯量电机,因其转子惯量较晶闸管方式驱动的伺服电机的转子惯量小,而又比小惯量的直流伺服电机的转子惯量大。

6.5　交流伺服电机与主轴驱动系统

如前所述,由于直流电机具有优良的调速性能,因此,长期以来,在要求调速性能较高的场合,直流电机调速系统一直占据主导地位。但直流电机却存在一些固有的缺点,如电刷和换向器易磨损,需要经常维护;换向器换向时会产生火花,使电机的最高转速受到限制,也使应用环境受到限制;直流电机的结构复杂,制造困难,所用铜铁材料消耗大,制造成本高。但交流电机,特别是感应电机则无上述缺点,且转子惯量较直流电机小,动态响应好,一般来说,在同样体积下,交流电机的输出功率可比直流电机提高 10% ~ 70%。另外,交流电机的容量比直流电机造得大,以达到更高的电压和转速。因此,人们一直在寻找用交流电机调速来代替直流电机调速方案。

6.5.1　交流伺服电机的结构和工作原理

在交流伺服系统中采用交流感应电机和交流同步电机。交流感应电机结构简单,它与同容量的直流电机相比,重量轻 1/2,价格仅为直流电机的 1/3。它的缺点是,不能经济地实现范围较广的平滑调速,必须从电网吸收滞后的励磁电流,因而会使电网功率因数变坏。所以进给运动一般不用这种电机,而在主轴驱动系统中使用居多。

交流同步电机与感应电机存在的一个最大的差异是同步电机的转速与所接电源的频率之间存在着一种严格关系,即在电源电压和频率固定不变时,它的转速是稳定不变的。由变频电源供电给同步电机时,可方便地获得与频率成正比的可变速度和非常硬的机械特性及宽的调速范围。在结构上,同步电机虽然复杂,但比直流电机简单,它的定子与感应电机一样,而转子则不同。同步电机从建立所需气隙磁场的磁势源来分类,可分为电磁式及非电磁式。在后一类中又有磁滞式、永磁式和反应式等。其中磁滞式和反应式同步电机存在效率低,功率因数差,制造容量不大等缺点。因此,在数控机床进给驱动系统中,多数采用永磁式同步电机。

永磁式同步电机与电磁式相比,永磁式的优点是,结构简单,运行可靠,效率高。缺点是,体积较大,起动特性欠佳。但采用高剩磁感应、高矫顽力的稀土类磁铁材料后,电机外形尺寸可比直流电机减小 1/2,重量减轻 60%,转子惯量减到直流电机的 1/5。它与异步电机相比,由于采用永磁铁励磁消除了励磁损耗,所以效率高。此外,永磁式同步电机的体积比异步电机小。

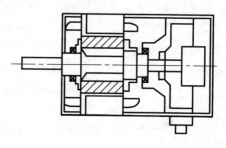

图 6.40 永磁式交流伺服电机的结构

永磁式交流伺服电机的结构原理如图 6.40 所示,由定子、转子和检测元件 3 部分组成。定子具有齿槽,内有三相绕组,形状与普通感应电机的定子相同。其外形为考虑散热,有的呈多边形,且无外壳。转子由多块永磁铁和冲片组成。这种结构优点是,气隙磁密度较高,极数较多。转子结构中还有一类是有极靴的星形转子,采用矩形磁铁或整体星形磁铁。永磁材料的性能直接影响电机性能和外形尺寸大小,现在一般采用铷铁硼(Nd-Fe-B)稀土永磁合金。

永磁式交流同步伺服电机的工作原理如图 6.41 所示,当定子三相绕组通上交流电后,就产生一个旋转磁场,该旋转磁场以同步转速 n_s 旋转,根据磁极的同极相斥,异极相吸的原理,定子旋转磁极就要与转子的永久磁场磁极互相吸引住,并带着转子一起旋转。因此,转子也将以同步转数 n_s 与定子旋转磁场一起旋转。当转子轴上加有负载转矩之后,将造成定子磁场轴线与转子磁场轴线不重合而相差一个 θ 角,负载转矩变化,θ 角也发生变化,只要不超过一定界限,转子仍然跟着定子以同步转数旋转。设转子转数为 $n_r(\text{r/min})$,则

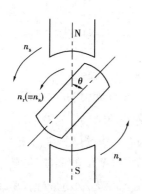

图 6.41 永磁式交流同步伺服
电机的工作原理图

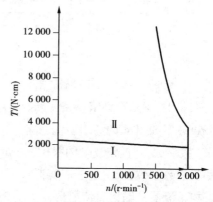

图 6.42 永磁交流同步伺服电机特性曲线

$$n_r = n_s = 60\,f/p$$

式中　f——电源交流电频率(Hz)；

　　　　p——转子磁极对数。

　　永磁同步电机有一个问题是启动困难。这是由于转子本身的惯量以及定、转子磁场之间转速相差太大,使之在启动时,转子受到的平均转矩为零,因此不能自启动。解决这个问题的办法是,在设计中设法减低转子惯量,或者在速度控制单元中,采取先低速后高速的控制方法来解决自启动问题。

　　永磁交流同步伺服电机的性能用特性曲线和数据表来表示,最主要的是转矩-速度特性曲线,如图 6.42 所示。在连续工作区,速度和转矩的任何组合,都可以连续工作,但连续工作区的划分受到一定条件的限制。连续工作区划定的条件是,供给电机的电流是理想的正弦波和电机在某一特定温度下工作。断续工作区的极限,一般受到电机的供电限制。交流伺服电机的机械特性比直流伺服电机的机械特性要硬。另外,断续工作区的范围更大,尤其在高速区,这有利于提高电机的加、减速能力。

6.5.2　交流伺服电机的调速系统

　　进给用交流伺服电机主要采用变频(f)方法来实现无级调速。

　　永磁交流伺服系统变频调速控制单元中的关键部件之一是变频器。变频器可分为交-交型和交-直-交型两种。交-交型变频器一般采用可控硅整流器调压,逆变器调频。交-直-交型变频器则是采用整流器将交流变为直流电,然后采用脉冲宽度调制逆变器将直流变为调频调压的交流电,其中应用最广的是后者,被称为 PWM 型变频器。

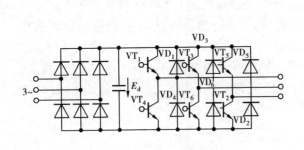

图 6.43　SPWM 变频器的主回路　　　　　　图 6.44　调制波的形式

　　图 6.43 所示为采用正弦波调制方法的 PWM 变频器(称为 SPWM 变频器)的主回路,这是一个双极型 SPWM 的通用型主回路。图 6.44 所示为调制波的形成,三角波 V_T 为载波,其幅值为 E_T,频率为 f_T,正弦波 V_s 为控制波(如 A 相),其幅值为 E_s,频率为 f_s。而这两种波形的交点,如图示的数字位置,决定了逆变器某相元件的通断时间,此时为 VT_1 和 VT_4 的通断。图 6.43 中三相整流器的输出直流电压为 E_d。在正半周,VT_1 工作在调制状态,VT_4 处于截止,A 相绕组的相电压为 $+(1/2)E_d$,而当 VT_1 截止时,电机绕组中的磁场能量通过 VD_4 续流,使该绕组承受 $-(1/2)E_d$ 电压,从而实现了双极性 SPWM 调制特性。在负半周时,VT_4 工作在调制状

态,VT_1处于截止。SPWM 的输出脉冲的宽度正比于相交点的正弦控制波的幅值。逆变器输出端为一具有控制波的频率,且有某种谐波畸变的调制波形,而其基波幅值为

$$E_{1m} = \frac{E_d}{2} \times \frac{E_s}{E_T} = \frac{E_d}{2}M$$

由此可见,只要改变调制系数 M 就可灵活地调节输出基波的幅值。只要改变 f_s 就可改变输出基波的频率。而且 f_T/f_s 的升高,输出波形的谐波分量不断减小,输出的正弦性越来越好。

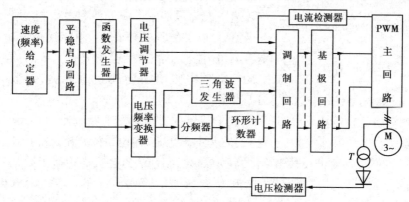

图 6.45 SPWM 变频调速系统框图

图 6.45 为 SPWM 变频调速系统框图。频率(速度)给定器给定信号,用以控制频率、电压及正反转;平稳启动回路使启动加、减速时间可随机械负载情况设定达到软启动目的;函数发生器是为了在输出低频信号时,保持电机气隙磁通一定,补偿定子电压降的影响而设。电压频率变换器将电压转换为频率,经分频器、环形计数器产生方波,和经三角波发生器产生的三角波一并送入调制回路;电压调节器产生频率与幅度可调的控制正弦波,送入调制回路,它和电压检测器构成闭环控制;在调制回路中进行 PWM 变换产生三相的脉冲宽度调制信号;在基极回路中输出信号至功率晶体管基极,对 SPWM 的主回路进行控制,实现对永磁交流伺服电机的变频调速;电流检测器为过载保护而设。

为了加快运算速度,减少硬件,一般采用多 CPU 控制方式。例如:用两个 CPU 分别控制 PWM 信号的产生和电动机-变频器系统的工作,称为微机控制 PWM 技术。目前,国内外 PWM 变频器的产品大多采用微机控制 PWM 技术。

6.5.3 主轴驱动

对于主轴驱动,既要求输出较大功率,又要求主轴结构简单;要改善主轴的动态性能,需要主传动有更大的无级调速范围;有四象的驱动能力。另外,不同的数控机床对主轴驱动还提出一些不同的要求,如要求主轴与进给驱动实行同步控制;要求主轴能高精度定位控制;要求主轴具有角度分度控制的功能等。

为实现上述的要求,采用直流、交流主轴驱动系统。现在,国际上新生产的数控机床 85% 采用交流主轴驱动系统。

交流主轴电机均采用鼠笼式异步电机。这是因为受永磁体的限制,当容量做得很大时,永磁同步电机成本太高,使得数控机床无法采用。一般说来,交流主轴电机的结构与一般鼠笼式

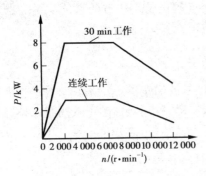

图 6.46　交流主轴电机的性能曲线

异步电机不同,是专门设计的,有自己的特色。为了增加输出功率,缩小电机体积,采用了定子铁芯在空气中直接冷却的办法,没有机壳,而且在定子铁芯上开了轴向孔,以利通风。此外,电机外形呈多边形而非圆形。

交流主轴电机的性能可由图 6.46 所示的功率-速度曲线来反映,在额定转速以下为恒转矩区域,在额定转速以上为恒功率区域。但有些电机当速度超过某一定值以后,曲线又往下倾斜,不能保持恒功率。对于一般电机,恒功率的速度范围只有 1:3 的速度比。另外,交流主轴电机有一定的过载能力,一般为额定值的1.2 ~ 1.5 倍,过载时间有的可达半个小时。

交流主轴电机的控制单元,广泛采用矢量控制的方法进行变频调速,即矢量控制 PWM 变频调速控制系统。交流异步电机矢量控制的基本思想是:对电机的转矩进行控制,在交流异步电机中,转矩 $T = C_M \phi I_2 \cos \phi_2$,其中 C_M 为转矩常数,$\cos \phi_2$ 为电机的功率因数,ϕ 为磁极磁通量,是一个矢量,由定子电流 I_1 和转子电流 I_2 合成的电流 I_0 产生的。与直流电机相比,交流异步电机没有独立的激磁回路,若把 I_2 比作 I_a,则 I_2 变化时刻影响 ϕ 的变化,而且交流异步电机的输入量为随时间变化的量,其磁通量也为空间的交变矢量,如果仅仅控制定子电压和电源频率,则其输出特性($n = f(T)$)显然不是线性的。为此,利用等效概念,将三相交流输入电流变为等效的直流电机中彼此独立的激磁电流 I_f 和电枢电流 I_a,然后和直流电机一样,通过对这两个量的反馈控制,实现对电机的转矩控制。最后,再通过相反的变换,将直流量还原为三相交流量,控制实际的三相异步电机,获得与直流电机同样的调节特性。

随着数控机床向高速化方向发展,主轴驱动出现了高速电主轴,转速可以达到每分钟几万转,它取消了电机与机床主轴之间一切中间传动环节,将交流主轴电机的转子与主轴装在一起,实现了机床主运动的"零传动"。由于转速高,所以电主轴在材料、结构、轴承、润滑、冷却以及制造工艺等方面都较一般主轴电机有更高的要求。

在进给系统中,直线电机的使用越来越广泛,直线电机相当于把旋转电机径向剖开,然后将电机沿着圆周展开成直线,就形成了扁平型直线电机,原来的定子成为它的初级,转子成为次级,当初级与次级之间的气隙中产生行波磁场时,两者之间产生相对移动。初级和次级可以分别装在机床的相对运动部件上,达到直接驱动运动件的目的。其特点是速度快,加减速过程短,由于省略了丝杠等传动部件,因而响应快,刚度高,精度高。直线电机按原理也有直流、交流及步进电机之分。

习题六

6.1　数控机床对伺服系统提出了哪些基本要求?试按这些基本要求,对开环、半闭环、闭环伺服系统进行综合比较,说明它们的应用特点。

6.2　简述反应式步进电机的工作原理。反应式步进电机有哪些主要技术参数?

6.3 为什么经济型数控系统采用以步进电机为驱动元件的开环伺服系统？

6.4 简述数字比较伺服系统的结构和工作原理。

6.5 简述相位比较伺服系统的组成和工作原理。并突出说明鉴相器的作用。

6.6 简述幅值比较伺服系统的组成和工作原理。并突出说明鉴幅器的作用。

6.7 常用的直流伺服电机有哪几种？试说明它们的特点和应用场合。

6.8 简述直流伺服电机的 PWM 调速系统的工作原理。与晶闸管调速系统相比较有何优点？

6.9 简述永磁交流同步型电动机调速系统的组成和工作原理。

7

典型数控机床与机床的数控化改造

7.1 概 述

7.1.1 数控机床的种类

数控机床按照所采用的加工方法的不同,可分为切削加工类数控机床、电加工类数控机床及其他加工类型的机床。以下就各类机床的工艺用途进行简要介绍。

切削加工类数控机床主要采用切削的方法切除零件表面的多余材料层。根据切削加工方法的不同,又分为如下类型:

①数控车床 主要用于轴类和盘类回转体零件的加工,能自动完成内外圆柱面、锥面、圆弧、螺纹等工序的切削加工,并能进行切槽、钻孔、扩孔、铰孔等工艺内容,特别适合复杂形状零件的加工,使用较为广泛。

②数控铣床 主要用于各类较复杂的平面、曲面和壳体类零件的加工。

③数控钻床及镗床 主要用于形状复杂零件及箱体类零件的孔及孔系加工。这类机床有逐渐被加工中心取代的趋势。

④加工中心 是目前应用最广泛的数控机床。它是在数控铣床、钻床及镗床的基础上,配置了自动换刀系统而发展起来的。主要用于箱体类零件及复杂曲面零件的铣、钻、镗及螺纹加工等工序,由于具有自动换刀功能,可在一次装夹后自动完成多道工序甚至全部工序的加工。有镗铣和钻铣加工中心,习惯上都称为加工中心。还有另一类加工中心是以轴类零件为主要加工对象的,称为车削中心。它在数控车床的基础上增加了 C 轴控制,配置了刀库,除了能完成数控车床的加工内容外,还可以在端面及圆周上任意部位进行钻削、铣削及攻丝加工。复合化程度更高的车铣加工中心也正在发展之中。

　　⑤数控磨床　主要用于零件表面的磨削加工,有数控外圆磨床、数控平面磨床及数控坐标磨床等。

　　电加工类数控机床主要有数控线切割机床和数控电火花加工机床。

　　其他类型的数控机床还有数控板材和管料加工机床(如数控冲床、数控板料折弯机等),数控火焰切割机和激光热处理机(用于造船、锅炉、车辆等制造行业),数控三坐标测量机。

　　本章主要介绍切削加工类数控机床的典型机床和常见机械结构,以及相关普通机床的数控化改造实例。

7.1.2　数控机床机械结构的主要组成

　　数控机床是机械和电子技术相结合的产物,其机械结构随着电子控制技术在机床上的普及应用,以及为适应对机床性能和功能不断提出的技术要求,而逐步发展变化,从数控机床发展史看,早期的数控机床是对普通机床的进给系统进行革新、改造开始,而逐步演变发展的。1952年,美国研制出了世界上第一台三坐标数控铣床,该机床在结构上主要是用3个直流伺服系统替代了传统的机械进给系统。1958年,日本牧野铣床厂(MAKENO)在K型普通立式铣床的基础上研制了日本第一台KNC型数控立式铣床,除进给系统外,外形和结构与当时的普通立式铣床基本相同。1966年,日本研制的第一台加工中心外形和结构类似于普通刨台式侧挂箱卧式镗床。由此可见,数控机床机械结构是在普通机床的总体结构基础上经局部改进而发展起来的。

　　近30年来,由于进给驱动、主轴驱动和CNC的发展,以及为适应高生产率的需要,数控机床的机械结构已从初期对普通机床局部结构的改造,逐步发展到形成数控机床的独特机械结构。尽管如此,普通机床的构成模式仍适用于现代数控机床,其零部件的设计方法仍基于普通机床设计的理论和计算方法。数控机床的机械结构,除机床基础件外,由下列几部分组成:①主传动系统;②进给系统;③实现工件回转、定位的装置和附件;④实现某些部件动作和辅助功能的系统和装置如液压、气动、润滑、冷却等系统和排屑、防护等装置;⑤刀架或自动换刀装置(ATC);⑥自动托盘交换装置(APC);⑦特殊功能装置如刀具破损监控、精度检测和监控装置等;⑧为完成自动化控制功能的各种反馈信号装置及元件。

　　机床基础件或称机床大件,通常是指床身、底座、立柱、横梁、滑座、工作台等,它是整台机床的基础和框架。机床的其他零、部件,或者固定在基础件上,或者工作时在它的导轨上运动。其他机械结构组成则按机床的功能需要选用。

　　需要注意的是,自1994年美国开发出并联运动机床即所谓"虚拟轴机床"以来,并联机构在各种数控机床上的应用研究方兴未艾,日本、德国、瑞典以及我国等都出现了采用并联机构的机床样机或产品。这种机床采用并联机构实现刀具或工作台的多个自由度,全部或部分地代替了传统机床的相应运动轴,是对数控机床在结构上的一次重大变革。

7.1.3　数控机床机械结构的主要特点和要求

　　数控机床与普通机床相比,它增加了功能,提高了性能,并简化了某些传统的机械结构,但是,正由于功能和性能的增加和提高,数控机床的机械结构在不断发展中发生了重大变革。影响数控机床对传统的机械结构变革的最基本功能和性能有下列几个方面:第一是自动化。数控机床能按照数控系统的指令自动地对进给速度、切削深度、主轴回转速度以及其他辅助功能进行控制,在工作过程中,不需要操作者像使用普通机床那样的手动操作。其次是大功率和高精度。数控机床既能保证高效率而进行大切削量的粗加工,且能进行半精加工和精加工,并要求批量生产的工件的质量分散度控制在一定范围内。第三是高速度。刀具材料技术的发展为数控机床向高速化发展创造了条件。现在加工中心和数控车床的主轴转速和进给速度已远高于同规格的普通铣床、镗床和车床。这种趋势在中、小型数控机床上尤为明显。第四是工艺复合化和功能集成化。"工艺复合化",简单地说,就是"一次装夹、多工序加工"。在这方面,最典型的机种是加工中心。工件一次装夹后,能完成铣、钻、镗、攻螺纹等多道工序的加工,而且能加工在工件的一面、两面或四面上的所有工序。"功能集成化"是数控机床发展的另一重要趋向。加工中心上的 ATC 和 APC 已是这类机床的基本的或常见装置。随着数控机床向柔性化和无人化发展,功能集成化的水平更高地体现在工件自动定位、机内对刀、刀具破损监控、机床与工件精度检测和补偿等功能上。第五是高可靠性。要求数控机床在高负荷下长时间无故障地连续工作,因而,对机床元、部件和控制系统的可靠性提出了很高的要求。

为了实现上述几个方面的基本功能和性能,数控机床的机械结构又具有不同于普通机床的特点和要求。主要体现在以下几方面:

(1)高刚度和高抗震性

机床的静刚度直接影响工件的加工精度及其生产率。机床构件的静刚度和固有频率及阻尼特性是影响其动刚度的主要因素。为此,数控机床的机械部件在结构设计时常采取措施来提高机床的刚度和抗震性,如通过结构合理布局来减小结构所承受的弯曲和扭转负载,通过加配重或液压平衡系统平衡负载以减小有关零部件的静力变形;通过合理布置筋板结构在较小重量下得到较高的静刚度和适当的固有频率;通过在支承件内腔或表面填加阻尼材料等来改善阻尼特性,以增大动刚度;采用花岗岩或聚合物混凝土制造机床的主要支承件等。

(2)较小的热变形

机床的热变形是影响加工精度的主要因素之一。为了减小热变形,设计时常采取如下措施:采用热对称结构及热平衡措施;对机床发热部件采取散热、风冷或液冷等控制温升;对切削部位采取大流量强制冷却;预测热变形规律,采取热位移补偿等。

(3)高效率、无间隙、低摩擦传动

数控机床在高速时应该平稳运行且具有高的定位精度,在低速时应该无爬行,因此要求进给传动装置和元件具有高灵敏度、低摩擦系数、无间隙及高寿命等特点。为此,数控机床的导轨多用塑料滑动导轨、滚动导轨或静压导轨。进给传动常采用滚珠丝杠副、静压蜗杆蜗条副及预加载荷的双齿轮齿条副等。

(4)简化传动链

由于数控机床采用了高性能、宽调速的交、直流主轴电机和进给用伺服电机,使主轴箱、进给变速箱及其传动系统大大简化,缩短传动链,提高了传动精度和可靠性。

7.2 典型数控机床简介

切削加工类数控机床的品种很多,几乎所有类型的普通机床都有相应的数控机床,这里主要介绍应用较为广泛的几种数控机床。

7.2.1 数控车床

从总体上来看,数控车床没有脱离普通车床的结构形式,还是由床身、主轴箱、刀架、进给系统、液压、冷却、润滑系统等部分组成。但由于实现了 CNC,进给用伺服电机驱动,连续控制刀具的纵向(Z 轴)和横向(X 轴)运动,从而完成对各类回转体零件的内外型面加工,如车削圆柱、圆锥、圆弧、各类螺纹等,因此,数控车床的进给系统与普通车床的进给系统有质的区别,它没有传统的走刀箱、溜板箱和挂轮架,而是直接用伺服电机通过滚珠丝杠驱动溜板和刀架,实现进给运动,因而进给系统的结构大为简化。

数控车床能加工各类螺纹(公制、英制、锥螺纹、端面螺纹、多头螺纹、变距螺纹等),这是因为数控车床采用主轴伺服电机驱动主轴旋转,同时还安装有与主轴同步运转的脉冲编码器,以便发出检测脉冲信号使主轴的旋转与切削进给同步,这是实现螺纹切削的必要条件。车削螺纹一般都需要多次运刀才能完成,为防止乱扣,脉冲编码器在发出进给脉冲时,还要发出同步脉冲(每转发一个脉冲),以保证每次走刀刀具都在工件的同一点切入。脉冲编码器一般不直接安装在主轴上,而是通过一对齿轮或同步齿形带(传动比 1:1)同主轴联系起来。

机床布局对数控车床是十分重要的,它直接影响机床结构、外观和使用性能。现代数控车床一般都采用机电一体化的布局形式和封闭式防护装置。随着生产率和自动化程度的提高,数控车床刀架和导轨的布局便成为突出的问题。

数控车床床身布局按照床身导轨面与水平面的相关位置,主要分为平床身、斜床身、平床身斜滑板和立床身 4 种布局形式(见图 7.1)。水平床身工艺性好,容易加工制造,由于刀架水

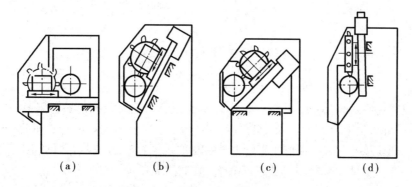

| (a) | (b) | (c) | (d) |

图 7.1 数控车床床身布局形式

平放置,对提高刀架的运动精度有好处,但床身下部空间小,排屑困难。刀架横向滑板较长,加大了机床的宽度尺寸,影响外观。平床身斜滑板结构适用于中、小型数控车床,其滑板设计成倾斜式,配置倾斜的导轨防护罩,这样,既保持了平床身工艺性好的优点,床身宽度也不会太

大,机床刚度能满足要求,排屑也方便。

斜床身按导轨的倾斜角度不同,可分为30°,45°,60°,75°,常用的有45°,60°,75°。倾斜角较小则宜人性差,排屑不方便,与此相反,较大的倾斜角,床身导轨导向性能差,受力情况也不好。此外,导轨的倾斜角还影响机床外形尺寸高度和宽度的比例,以及刀架重量作用于导轨面垂直分力的大小。从机床布局和床身导轨受力情况来看,中、小规格数控车床床身倾斜角度以60°为宜。

斜床身和平床身斜滑板结构,由于机床外形简洁、美观、占地面积小,容易排屑使炽热铁屑不致堆积在导轨上,容易实现封闭式防护,便于操作,也便于安装机械手,实现单机自动化等特点,在现代数控车床中被广泛采用。一般来说,只有大型数控车床或小型精密数控车床才采用平床身。

数控车床的刀架是夹持切削加工用刀具的部件,其结构直接影响机床的切削性能和加工效率,对机床的总体布局影响也很大。刀架的结构形式很多,一般分为刀板式和转塔式两大类。

刀板式刀架主要应用在加工棒料为主的小规格机床,刀具平行排列在 X 坐标方向横向滑板上的刀板或可快换的刀板上,如图7.2所示。这种刀架的特点是结构简单,布置刀具和调整机床都很方便,还可安装各种动力头架,换刀时按照预先设定值 X 坐标方向运动即可,迅速省时,使用快换刀板可机外对刀,缩短辅助时间。其缺点是不能加工直径较大或细长的轴类零件。

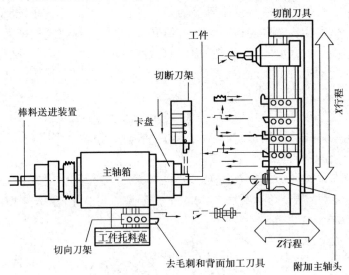

图7.2 刀板式刀架

转塔式刀架也称回转刀架,其结构是用回转头上各刀座安装夹持各种刀具,由回转头分度旋转定位实现自动换刀。这种刀架一般有8,10,12或16个刀位。回转头外形分为圆盘形和多边形。圆盘形回转刀架的回转轴线通常与主轴轴线平行布置,多边形回转刀架的回转轴线与主轴轴线垂直,刀具安装轴线呈放射状布置,安装刀具不易干涉。

图7.3所示为某机床厂生产的 CKA3225 型机床的总体布局及外观图。CKA3225 是该机床厂生产的 CKA3225 系列的一个品种,以盘类件加工为主,最大车削直径250 mm。由床身、主轴箱、刀架、进给系统、液压系统、冷却润滑系统和数控系统组成。

CKA3225 型数控车床的床身采用60°斜床身,导轨与床身为一体,材料为 HT200,经高频

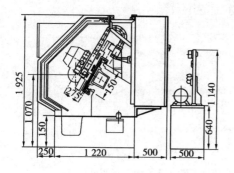
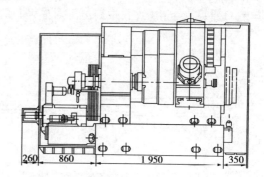

图7.3　CKA3225型机床的总体布局

淬火后磨削加工。主运动系统采用23.5 kW的直流调速电机驱动,经一级皮带和一级双联齿轮传动(高、低速),主轴可在45 r/min~3 000 r/min范围无级调速。X,Z向进给系统均采用直流伺服电机驱动,通过弹性联轴器与滚珠丝杠直联,实现了无间隙传动。刀架采用8工位转塔式刀架。该机床的刀架的松开、转位、夹紧以及双联齿轮的高低速换挡和卡盘的夹紧松开均通过液压系统实现。

该机床采用FANUC-BESK 3TA数控系统,伺服控制采用位置、速度、电流三环控制,如图7.4所示。采用主轴脉冲编码器可实现螺纹加工。

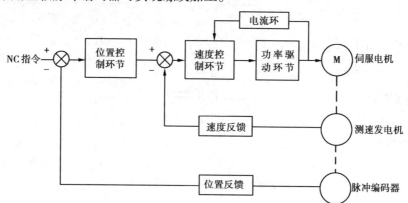

图7.4　FANUC-BESK 3TA系统伺服控制框图

7.2.2　数控铣床

数控铣床主要用于各类较复杂的平面、变斜角及曲面类零件的加工。如图7.5所示的平面类零件,它们的各个加工单元面都是平面或可以展开为平面。图7.6所示的变斜角类零件,两表面之间的夹角在其长度方向上是连续变化的,如飞机的整体梁、框、缘条及筋等都属此类。图7.7所示的曲面类零件,其加工面不能展开为平面,且加工

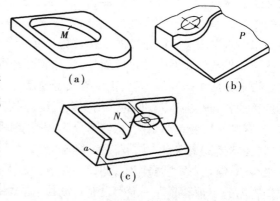

图7.5　数控铣床加工的平面类零件

面与铣刀始终为点接触,图中给出了对曲面进行行切加工的示意图。

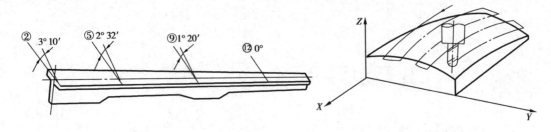

图7.6　数控铣床加工的变斜角零件　　　图7.7　曲面加工示意图

　　由于被加工零件的特点,为了把工件上各种复杂的形状轮廓连续加工出来,必须控制刀具沿设定的直线、圆弧或空间直线、圆弧轨迹运动,这就要求数控铣床的伺服驱动能在多坐标方向同时协调动作,并保持预定相互关系,也就是要求机床能够实现多坐标联动。数控铣床要控制的坐标数至少是3个坐标轴中任意2轴联动(即实现2.5轴加工),要实现连续加工直线变斜角零件,起码要实现4轴联动,而若要加工曲线变斜角零件,则须实现5轴联动,因此,数控铣床所配置的数控系统在档次上一般都比其他数控机床相应更高一些。

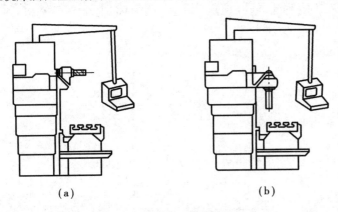

(a)　　　　　　　　　(b)

图7.8　立卧两用数控铣床

　　数控铣床根据主轴的布置形式可分为数控立式铣床、数控卧式铣床和立卧两用数控铣床。小型数控立式铣床一般采用主轴不动,工作台移动、升降方式;中型数控立式铣床一般采用主轴沿垂直溜板上下运动,工作台纵、横向移动方式;大型数控立式铣床一般采用龙门式结构,主轴箱布置在横梁上可沿其导轨做横向运动,横梁沿龙门架的竖直导轨做升降运动,龙门架或工作台完成纵向运动。数控卧式铣床通常增加数控转台来实现工件侧面上连续回转轮廓的加工及"四面加工",这对箱体类零件或需要在一次安装中改变工位的零件的加工非常适合。立卧两用数控铣床采取主轴头更换来改变主轴方向,如图7.8所示。主轴头的更换有手动与自动两种方式,如采用数控万能主轴头则可实现任意方向的摆刀控制,可以加工出与水平面呈不同角度的工件表面。再配置数控转台,则能够对工件进行"五面加工",即除了工件与转盘贴合的定位面外,其他表面都可以在一次安装中完成。

　　数控铣床主运动的开停、正反转及变速都可以按照加工程序规定自动执行。不同的机床其变速功能与范围不同,有的采用变频机组,固定几种转速,编程时自选一种,但不能在运转时改变;有的采用变频器调速,将转速分为几挡,编程时任选一挡,在运转中可通过控制面板上的旋钮,在本挡范围内自由调节;有的则不分挡,编程时可任选一值,在运转中可以在整个范围内无级调速,但是在实际操作中,调速不能有大起大落的突变,只能在允许的范围内调高或调低。数控铣床的主轴套筒内一般都设有自动拉、退刀装置,能在数秒内完成装刀与卸刀,使得换刀比较方便。此外,多坐标数控铣床的主轴可以做摆刀控制,扩大了主轴自身的运动范围,但是主轴结构更加复杂。

7.2.3 加工中心

加工中心是一种备有刀库并能自动更换刀具对工件进行多工序加工的数控机床,以箱体类非回转体零件为加工对象。工件经一次装夹后,数控系统能控制机床按不同工序自动选择和更换刀具,自动改变机床主轴转速,进给速度和刀具相对工件的运动轨迹及其他辅助机能,依次完成工件几个面上多工序的加工。由于加工中心能集中完成多种工序,因而可减少工件装夹、测量和机床的调整时间,减少工件周转、搬运和存放时间,使机床的切削利用率(切削时间和开动时间之比)高于普通机床 3~4 倍,可达 80% 以上。尤其是在加工形状比较复杂、精度要求较高、品种更换频繁的零件时,更具有良好的经济效果。

(1)加工中心的分类

加工中心通常以主轴在加工时的空间位置分类,分为卧式、立式和卧立两用加工中心。

1)卧式加工中心 它是指主轴轴线水平设置的加工中心,有多种形式,如固定立柱式或固定工作台式。固定立柱式的卧式加工中心的立柱不动,主轴箱在立柱上做上下移动,而工作台可在水平面上做两个坐标移动,固定工作台式的卧式加工中心其 3 个坐标的运动由立柱和主轴箱的移动来完成,安装工件的工作台是固定不动的(指直线运动)。卧式加工中心一般具有 3~5 个运动坐标,常见的是 3 个直线运动坐标加一个回转运动坐标(回转工作台),它能够在主件一次装夹后完成除安装面和顶面以外的其余 4 个面的加工,最适合加工箱体类工件。但是卧式加工中心与立式加工中心相比,结构复杂,占地面积大,重量大,价格也高。

2)立式加工中心 立式加工中心主轴的轴线为垂直设置,其结构多为固定立柱式。工作台为十字滑台,适合加工盘类零件。一般具有 3 个直线运动坐标,并可在工作台上安置一个水平轴的数控转台(第四轴),来加工螺旋线类零件。立式加工中心的结构简单,占地面积小,价格低。配备各种附件后,可满足大部分工件的加工。

大型的龙门式加工中心主轴多为垂直设置,尤其适合于大型或形状复杂的工件。像航空、航天工业及大型汽轮机上的某些零件的加工都需要用这类多坐标龙门式加工中心。

3)卧立两用加工中心 卧立两用加工中心又称五面加工中心或复合加工中心。通常有两种结构形式,一种是主轴做 90°回转,另一种是工作台做 90°回转,使之既能像卧式加工中心那样工作,又能像立式加工中心那样切削,实现箱体类零件五个面的加工。由于省去了二次装夹,减少了定位误差,提高了生产率。这类机床卧立转换机构要占用较大工作空间,机械结构较复杂,机床本身体积、重量增大,制造技术较复杂。

(2)加工中心的结构

1958 年,美国的卡尼-特雷克公司在一台数控镗铣床上增加了自动换刀装置,第一台加工中心的问世至今 40 多年来,出现了各种类型的加工中心,当然外形结构各异,但从总体来看,不外乎由以下几大部分组成(如图 7.9 所示 JCS-018 加工中心的外形图)。

1)基础部件 它们由床身、立柱和工作台等大件组成。它们是加工中心的基础结构,这些大件可以是铸铁件,也可以是焊接的钢结构件,它们要承受加工中心的静载荷以及在加工时

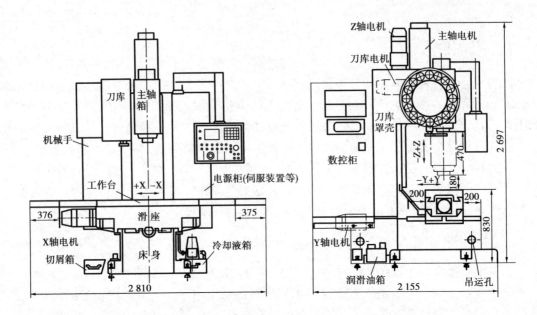

图 7.9 JCS-018 加工中心的外形图

的切削负载,因此,它们必须是刚度很高的部件,也是加工中心中重量和体积最大的部件。

2)主轴部件 它们由主轴箱、主轴电机、主轴和主轴轴承等零件组成。其启动、停止、换向和转速变换等动作均由数控系统控制,并通过装在主轴上的刀具参与切削运动,是切削加工的功率输出部件。主轴是加工中心的关键部件,其结构的好坏对加工中心的性能有很大的影响。

3)数控系统 单台加工中心的数控系统由 CNC 装置、可编程序控制器、伺服驱动单元及电机等部分组成。它们是加工中心执行顺序控制动作和完成加工过程的控制中心。

4)自动换刀系统 它们由刀库、机械手等部件组成。刀库是存放加工过程所要使用的全部刀具的装置。当需要换刀时,根据数控系统的指令,由机械手(或通过别的方式)将刀具从刀库取出装入主轴孔中。刀库有多种形式,容量从几把到几百把。机械手的结构根据刀库与主轴的相对位置及结构的不同也有多种形式。

5)辅助系统 它们包括润滑、冷却、排屑、防护、液压和随机检测系统等部分。辅助系统虽然不直接参与切削运动,但对加工中心的加工效率、加工精度和可靠性起到保障作用,因此,也是加工中心中不可缺少的部分。

有的加工中心为了进一步缩短非切削时间,还配有两个自动交换工件的托盘。一个安装工件在工作台上加工,另一个则位于工作台外进行装卸工件。当完成一个托盘上工件的加工后便自动交换托盘,进行新零件的加工,这样可以减少辅助时间,提高加工效率。

图 7.9 所示的 JCS-018 加工中心为立式加工中心,其床身采用整体床身,导轨采取高频淬火,淬火硬度 HRC50 ~ HRC55,动导轨上粘贴含铜粉聚四氟乙烯塑料软带,耐磨性高,精度保持性好,摩擦系数小,防止了爬行。其主运动系统采用交流主轴电机驱动,变频调速,通过双层皮带(速比 1∶1 或 1∶2 可调)直接带动主轴旋转,使主轴转速在 22.5 ~ 2 250 r/min 或 45 ~ 4 500 r/min 范围连续可调。3 个进给坐标均采用直流伺服电机无变速箱直接传动,电机与滚珠丝杠之间采用无间隙精密十字连轴节连接,实现了无间隙平稳传动。其刀库为 16 刀位的圆

盘式刀库,采用回转式单臂双手机械手实现自动换刀。

7.3　数控机床的典型结构

7.3.1　数控机床的主传动系统

(1)主运动变速

目前数控机床的主传动电机基本上都采用交流调速电机或直流调速电机。数控机床的主传动要求较大的调速范围,以保证加工时能选用合理的切削用量,从而获得最佳生产率、加工精度和表面质量。对于加工中心机床,为了适应各种工序和各种工件材料的要求,主运动的调速范围应进一步扩大,数控机床的变速是按照控制指令自动进行的,因此,变速机构必须适应自动操作的要求。由于直流和交流主轴电机的调速系统日趋完善,不仅能够方便地实现宽范围的无级变速,而且减少了中间传递环节,提高了变速控制的可靠性,因此在数控机床的主传动系统中更显示出它的优越性。为了确保低速时的转矩,有的数控机床在交流或直流电机无级变速的基础上配以齿轮变速,使之成为分段无级变速。

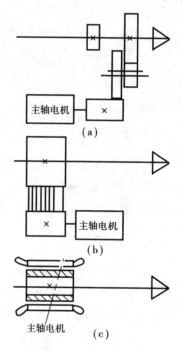

图7.10　主传动配置方式

数控机床主传动主要有三种配置方式(图7.10):图(a)为带有变速齿轮的主传动,这种方式在大、中型数控机床采用较多。通过少数几对齿轮降速,扩大了输出转矩,以满足主轴的输出扭矩特性的要求,一部分小型数控机床也采用此种传动方式,以获得强力切削时所需要的扭矩。图(b)为通过皮带传动的主传动,主要应用在中、小型数控机床上。采用 V 型带或齿形带传动,可以避免齿轮传动时引起的振动与噪声,但由于承载能力所限,只能适用于较低扭矩特性要求的主轴。图(c)为调速电机直接驱动的主传动,这种主传动方式大大简化了主轴箱体与主轴的结构,有效地提高了主轴部件的刚度,但主轴输出扭矩小,电机发热对主轴的精度影响较大。

在带有齿轮变速的主传动系统中,液压拨叉和电磁离合器是两种常用的变速方法。

液压拨叉变速是一种用一只或几只小油缸拨动移动齿轮组的变速机构。一只简单的二位油缸即能实现双联齿轮块变速。对于三联或三联以上的齿轮组则必须使用于差动油缸做多位的移动。图7.11 是这种三位液压拨叉的作用原理图。通过改变不同的通油方式,可以使三联齿轮组获得 3 个不同的变速位置。这套机构除了油缸和活塞杆之外,还增加了套筒4,当油缸1 通压力油而油缸5 卸压时(图a),活塞杆2 便带动拨叉3 向左移动到极限位置,拨叉带动三

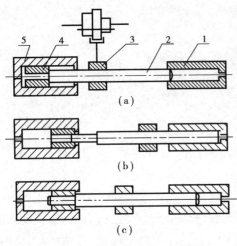

（a）

（b）

（c）

图7.11   三位液压拨叉作用原理

联齿轮组移到左端；当油缸 5 通压力油而油缸 1 卸压时（图 b），活塞杆 2 便带动拨叉 3 向右移动到极限位置，拨叉带动三联齿轮组移到右端；当压力油同时进入左右两油缸时（图 c），由于活塞杆 2 的两端直径不同，使活塞杆向左移动。在设计活塞杆 2 和套筒 4 的截面直径时，应使套筒 4 的圆环面上的向右推力大于活塞杆 2 向左的推力，因而套筒 4 仍然压向油缸 5 的右端，使活塞杆 2 紧靠在套筒 4 的右端，此时拨叉和三联齿轮组被限制在中间位置。

为了防止齿轮移动时发生"顶齿"现象，这种主运动系统中通常增设一台微电机，在拨叉移动齿轮的同时带动各传动齿轮做低速回转，这样，移动齿轮便能顺利地啮合。液压拨叉变速是一种有效的方法，但它增加了数控机床液压系统的复杂性，而且必须将数控装置送来的电信号先转换成电磁阀的机械动作，然后再将压力油分配到相应的油缸，增加了变速的中间环节，带来了更多的不可靠因素。

电磁离合器是应用电磁效应接通或切断运动的元件，由于它便于实现自动操作，并有现成的系列产品可选，因而成为自动装置中常用的执行元件。电磁离合器用于数控机床主传动系统时，能简化变速机构，通过若干只安装在轴上的离合器的吸合与分离的不同组合，改变齿轮的传动路线来实现主轴变速。常用的电磁离合器有摩擦片式电磁离合器和牙嵌式电磁离合器，由于电磁离合器变速具有剩磁和发热等缺点，使其应用范围受到了限制。

（2）主轴部件

主轴部件是数控机床的关键部件，其精度、刚度和热变形对加工质量有着直接的影响，由于数控机床在加工过程中不进行人工调整，这些影响就更为严重。目前数控机床的主轴轴承配置形式主要有三种（如图7.12所示）。

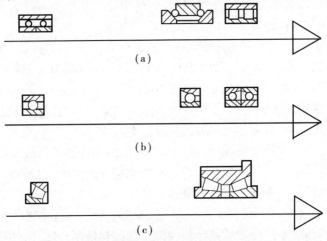

（a）

（b）

（c）

图7.12   主轴轴承配置形式

①前支承采用双列短圆柱滚子轴承和60°角接触双列向心推力球轴承组合,后支承采用成对向心推力球轴承(图a),此配置型式使主轴的综合刚度大幅度提高,可以满足强力切削的要求,因此普遍应用于各类数控机床的主轴。

②前轴承采用高精度向心推力球轴承组合(图b),向心推力球轴承具有良好的高速性能,主轴最高转速可达4 000 r/min,但它的承载能力小,因而适用于高速、轻载和精密的数控机床主轴。

③双列和单列圆锥滚子轴承(图c),这种轴承径向和轴向刚度高,能承受重载荷,尤其能承受较强的动载荷,安装与调整性能好。但是这种轴承配置方式限制了主轴的最高转速和精度,因此适用于中等精度、低速、重载的数控机床主轴。

在主轴的结构上要处理好卡盘或刀具的装夹、主轴的卸荷、轴承的定位与间隙调整、润滑和密封以及工艺上的一系列问题。为了减少热变形对机床加工精度的影响,通常利用润滑油循环系统把主轴部件的热量带走,有的甚至采取冷却措施,使主轴部件与箱体保持恒定的温度。对于刀具做主运动的数控铣床或镗床及加工中心的主轴,还要满足快速换刀的要求。

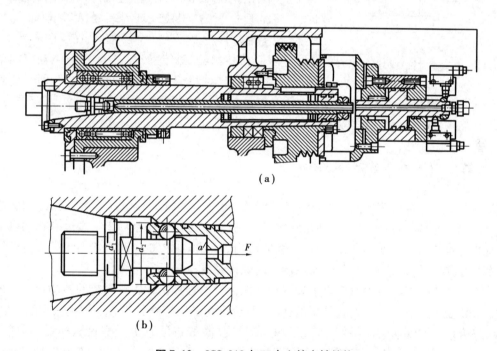

(a)

(b)

图7.13　JCS-018 加工中心的主轴结构

图7.13 所示为 JCS-018 加工中心的主轴结构。前支承采用3 个向心推力球轴承,背对背安装,后支承采用两个向心推力球轴承背对背安装,均选用超精级,预紧后具有高的回转精度。切削刀具通常安装在刀柄上,再把刀柄安装在主轴锥孔内,通过主轴孔和刀柄上锥度为7∶24的内外锥面实现刀具定位,加工时的切削扭矩通过主轴端部的端面键与刀柄上的键槽配合传递。由于7∶24 的锥面锥度大,无摩擦自锁,既利于定心,又为松夹带来了方便。

为实现刀具自动装卸,主轴上设有刀具的自动夹紧机构,又称拉刀机构,由它完成换刀时刀具的松开及拉紧。它由主轴中心的拉杆、碟形弹簧、钢球及顶部的液压缸等组成。其工作过程如下:换刀时液压缸接到卸刀信号,其活塞顶出,推动拉杆,压缩碟形弹簧向前移动,使拉杆前端钢球落入主轴前端大直径处,并继续前移将刀具推出主轴锥孔约 0.5 mm,由机械手取走刀具。当新刀由机械手送入主轴锥孔后,刀柄尾部拉钉即进入主轴中心的拉杆前端,这时顶住拉杆的液压缸接到拉刀信号,活塞退回,在碟形弹簧作用下,拉杆通过钢球拉紧刀柄拉钉(图 7.13(b)),将刀具拉紧固定在主轴前端锥孔内,拉力为 10 000 N。

为了保证新刀在主轴锥孔内准确定位,必须自动清除主轴孔的切屑和灰尘。如果在主轴锥孔中掉进了切屑或其他污物,在拉紧刀柄时,主轴锥孔表面和刀柄的锥面就会被划伤,甚至使刀柄发生偏斜破坏了刀具正确的定位,影响加工零件的精度,甚至使零件报废。为了保持主轴锥孔的清洁,常用压缩空气吹屑。通常在活塞和拉杆心部钻有压缩空气通道,当活塞前移顶出时,压缩空气经过活塞由拉杆中心孔喷出,将锥孔清理干净。

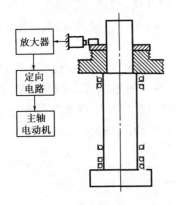

图 7.14　电磁式主轴准停装置原理

为了保证每次自动换刀时,使刀柄上的键槽对准主轴的端面键,要求主轴具有准确定位的功能,为此设有主轴的准停装置。主轴的准停装置有机械式和电磁式,JCS-018加工中心采用电磁式准停装置,其原理如图 7.14 所示,在主轴端带轮上安装一个发磁体,在发磁体外 1 mm 处固定一个磁传感器,磁传感器经放大器与主轴控制单元相连。当主轴定向指令发出后,主轴控制单元便开始判断主轴定向状态,当判别基准对正时,主轴便立即停止。这种准停装置没有机械摩擦,定位迅速,结构简单,调整方便,定位精度能满足换刀要求,所以应用广泛。

7.3.2　数控机床的进给传动系统

数控机床的进给运动是数字控制的直接对象,每一个进给运动坐标都有自己的伺服电机驱动,不论点位控制还是多轴联动的轮廓连续控制,被加工工件的最后坐标精度和轮廓精度都受到进给运动的传动精度、灵敏度和稳定性的影响。为此,数控机床的进给系统须充分注意减少摩擦阻力,提高传动精度和刚度,消除传动间隙以及减少运动件的惯性。

进给系统的摩擦阻力主要来自于丝杠和导轨,为此,数控机床进给系统的传动丝杠一般采用摩擦系数较小的滚珠丝杠副或静压丝杠副,而导轨则采用塑料导轨、滚动导轨或静压导轨,以提高进给系统的快速响应特性。滚珠丝杠螺母副(直线进给系统)、蜗轮蜗杆副(圆周进给系统)及支承结构是决定其传动精度和刚度的主要部件,因此必须首先保证它们的加工精度,对于采用步进电机驱动的开环系统尤其如此。传动系统刚度不足将使工作台(或拖板)产生爬行和振动,从而影响加工精度,在进给传动链中加入减速齿轮,可以减小脉冲当量,从设计的角度考虑可以提高传动精度。此外,还可以采用合理的预紧来消除滚珠丝杠螺母副的轴向传动间隙;预紧支承丝杠的轴承以提高支承的结构刚度,以及消除齿轮、蜗轮等传动件的间隙,这些措施都有利于提高传动精度或刚度。进给系统中每个元件的惯量对伺服机构的启动和制动特性都有直接的影响,尤其是处于高速运转的零件,其惯性的影响更大,在满足传动强度和刚度的要求下应尽可能将各元件进行合理的配置,减少其运动惯量。

以下主要介绍为满足以上要求在数控机床进给系统中常用的传动元件。

(1)滚珠丝杠螺母副

滚珠丝杠螺母副是回转运动和直线运动相互转换的新型传动装置。其结构原理示意图如图 7.15 所示,在丝杠和螺母上都有半圆弧形的螺旋槽,当它们套装在一起时便形成了滚珠的螺旋滚道。螺母上有滚珠的回路管道 b,将几圈螺旋滚道的两端连接起来构成封闭的循环滚道,并在滚道内装满滚珠。当丝杠旋转时,滚珠在滚道内既自转又沿滚道循环转动。因而迫使螺母(或丝杠)轴向移动。可见,滚珠丝杠螺母副传动是滚动摩擦。它具有以下特点:①摩擦损失小,传动效率高(可达 90% ~ 96%);②丝杠螺母之间预紧后,可以完全消除间隙,提高传动刚度;③摩擦阻力小,几乎与运动速度无关,动静摩擦力之差极小,能保证运动平稳,不易产

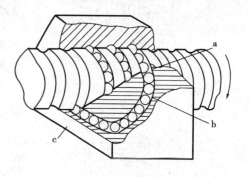

图 7.15 滚珠丝杠螺母副结构原理示意图

生低速爬行现象。磨损小、寿命长、精度保持性好;④不能自锁,具有可逆性,能将旋转运动和直线运动相互转化,也能将直线运动转化为旋转运动。因此,丝杠立式使用时,应增加制动装置。

滚珠丝杠螺母副中滚珠的循环方式有外循环和内循环两种。外循环方式下,滚珠在循环过程中有一段与丝杠脱离接触,如图 7.16 所示,这种结构通常是在螺母体上轴向相隔数个半

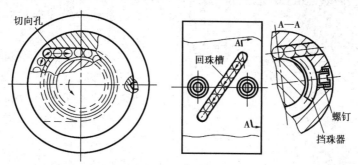

图 7.16 外循环方式

导程处钻两个孔与螺旋槽相切,作为滚珠的进口与出口,在螺母内进出口处各装一个挡珠器,在螺母体外表面铣削出回珠槽沟通两孔,再装上一个套筒将槽封闭,这样就构成了一个封闭的循环滚道。还有一种形式是在螺母体上进出口处插一个弯管来沟通两孔形成封闭的循环滚道。外循环结构制造工艺简单,使用较广。其缺点是滚道接缝处很难做到平滑过渡,影响滚珠滚动的平稳性,甚至会发生卡珠现象,噪声也较大。图 7.17 所示为内循环方式结构。滚珠在循环过程中始终与丝杠保持接触,滚珠循环靠反向器实现,滚珠在螺旋滚道内循环一圈,通过反向器上的反向槽引导到达原来的始点,形成一个循环回路。一般在螺母上装 2 ~ 4 个均匀分布的反向器,称为 2 ~ 4 列。反向器有固定式和浮动式两种(图 a、图 b 为固定式反向器在螺母上的两种定位方式)。和外循环相比,内循环滚道短,不易发生滚珠堵塞,摩擦损失也小。其缺点是反向器制造困难,且不能用于多头螺纹传动。

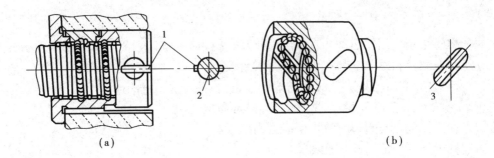

图 7.17　内循环方式

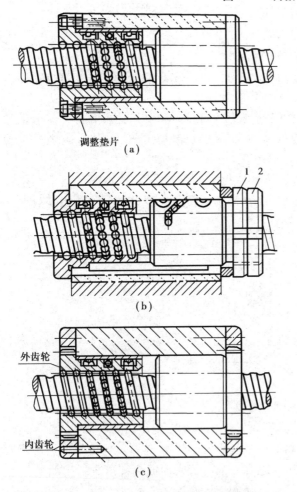

图 7.18　滚珠丝杠螺母副的预紧方式

为了消除丝杠螺母副之间的间隙并使其具有一定的刚度,必须对丝杠螺母副进行预紧。目前广泛采用的预紧方式是双螺母预紧,其方法有三种(如图 7.18 所示)。图(a)为螺母垫片预紧结构,通过改变垫片的厚度,使螺母产生轴向位移达到预紧目的。这种结构简单可靠,刚性好,但调整较费时。图(b)为双螺母螺纹预紧结构,两个螺母以平键与外套相连,其中右边的一个螺母外伸部分有螺纹。用两个锁紧螺母能使螺母相对丝杠做轴向移动。这种结构既紧凑,又可靠,且调整方便,但调整位移量不易精确控制。图(c)为双螺母齿差式预紧结构,在两个螺母的凸缘上分别切出齿数为 Z_1,Z_2 的齿轮,二者齿数相差 1,两个齿轮分别与两端相应的内齿圈啮合。内齿圈紧固在螺母座上,预紧时脱开内齿圈,使两个螺母同向转过相同的齿数 n,两螺母之间便产生 $s = nt/Z_1 Z_2$ 的相对位移,然后再合上内齿圈,即可达到预紧的目的。这种结构调整准确可靠,精度较高,但结构复杂。

滚珠丝杠螺母副根据使用范围和要求分为 7 个精度等级,即 1,2,3,4,5,7,10 级,依次递减。数控机床上常用 1,2,3 级。

滚珠丝杠的基本参数有:公称直径 d_0(滚珠中心所在圆柱面的直径)、基本导程 p_h、滚珠直径 D_w、丝杠螺纹的长度及丝杠和螺母的外(内)径、底径等。滚珠丝杠副的型号根据其结构、规格、精度和螺旋方向等特征,按下列格式编写:

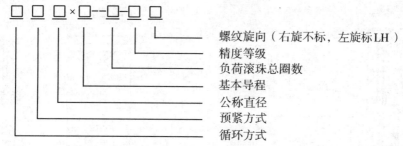

螺纹旋向（右旋不标，左旋标LH）
精度等级
负荷滚珠总圈数
基本导程
公称直径
预紧方式
循环方式

例如：CMD25×5-3-2 表示滚珠丝杠副为插管埋入式，双螺母垫片预紧，公称直径为25 mm，基本导程为5 mm，负荷滚珠总圈数为3圈，精度等级为2级。

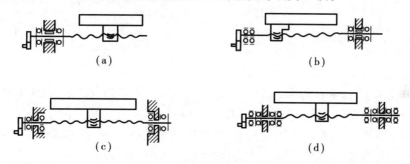

(a)   (b)

(c)   (d)

图7.19　滚珠丝杠的支承方式

滚珠丝杠的支承对滚珠丝杠副的传动刚度和精度具有很大的影响，因此，选择适当的滚动轴承及其支承方式是十分重要的。常用的支承方式如图7.19所示，图(a)为一端固定一端自由，固定端为向心轴承及推力轴承反装组合，或推力向心轴承反装组合，这种方式承载能力小，轴向刚度低，仅适用于短丝杠。图(b)为一端固定一端简支，简支端采用向心轴承，轴向刚度和精度较高，适用于精度要求较高的机床。这两种形式在丝杠受热时，都有热变形的余地。图(c)为两端都采用单向推力轴承的形式，支承可从丝杠两端预紧，有助于提高传动刚度。但丝杠受热伸长时，刚度将下降。图(d)为两端固定的形式，两端都采用双向的推力轴承组合，预紧后刚度高，适用于精度和刚度要求高的机床，但丝杠受热伸长时没有热变形的余地。为了减少热变形对精度的影响，后两种形式可以在装配时采取预拉伸措施。

（2）齿轮副

进给系统采用齿轮传动，是为了使丝杠、工作台的惯量在系统中占有较小的比重；同时可以起到降速以提高扭矩的作用，从而适应驱动执行件的需要；另外，在开环系统中还可归算所需的脉冲当量。由于传动齿轮副存在间隙，在开环系统中会造成进给运动的位移滞后于指令值，反向时出现反向死区，影响加工精度。在闭环系统中，由于有反馈，滞后量可得到补偿，但反向时会使伺服系统产生振荡而不稳定。为此，应采取措施将齿轮间隙减小到一定的范围。常用的方法有刚性调整法和柔性调整法两种。

图7.20所示为偏心轴套调整法，齿轮1装在偏心轴套2上，调整套2可以改变齿轮1和3之间的中心距，从而消除了齿侧间隙。这种方法常用于有一个齿轮轴悬臂安装的结构。图7.21所示为轴向垫片调整法，一对啮合着的圆柱直齿轮，将其节圆直径沿着齿厚方向做成小锥度，改变垫片3的厚度就能改变齿轮1和2的轴向相对位置，从而消除了齿侧间隙（图a）；一

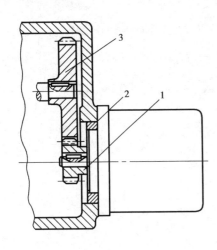

图7.20 偏心轴套调隙

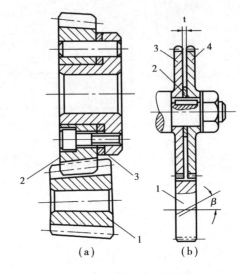

(a) (b)

图7.21 轴向垫片调隙

对啮合着的圆柱斜齿轮,将其中一个做成两个薄片齿轮3,4,在它们之间加垫片2,改变垫片2的厚度可使齿轮3和4的螺旋线错位,分别与宽齿轮1的齿槽左、右侧面贴紧,即可消除间隙(图b)。这种方法由于齿宽小而使承载能力下降。

以上两种方法属刚性调整法,在调整后,齿侧间隙不能自动补偿,因此对齿轮的周节公差及齿厚公差要求严格,否则会影响传动的灵活性。结构简单,具有较好的传动刚度,但调整较费时。

图7.22所示为周向弹簧调整法,两个齿数相同的薄片齿轮1,2与另一个宽齿轮相啮合,齿轮1空套在齿轮2上,可以相对回转。分别在齿轮1,2的端面上均匀装4个螺纹凸耳3和8,并将它们之间装上弹簧连起来,装在凸耳8上的螺钉可以像调节弹簧拉力那样,弹簧的拉力可以使薄片齿轮1,2错位,使齿轮1,2的左、右齿面分别与相啮合的齿轮齿槽的左右侧面贴紧,达到消除间隙的目的。图7.23所示为轴向压簧调整法,两个薄片斜齿轮1,2用键4滑套在轴上,用螺母5来调解弹簧3的轴向压力,使齿轮1,2的左、右齿面分别与宽斜齿轮7齿槽的左右侧面贴紧。

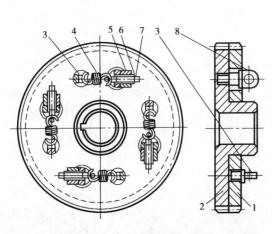

图7.22 周向弹簧调隙

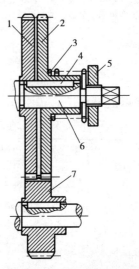

图7.23 轴向弹簧调隙

以上两种方法属柔性调整法,在调整后,齿侧间隙仍可自动补偿。即使在齿轮的周节误差及齿厚变化的情况下,也能保持无间隙啮合,但是结构复杂,轴向尺寸大,传动刚度较低,平稳性也较差。

7.3.3　数控机床的自动换刀装置

数控车床和加工中心,都要求能够进行自动换刀。数控车床的自动换刀装置在典型数控机床一节已经介绍,这里主要介绍加工中心类数控机床的自动换刀装置。

(1)刀库

刀库用于存放刀具,是自动换刀装置中的重要部件之一,其容量、布局和结构对数控机床的设计有很大影响。根据刀库容量和取刀方式的不同,刀库具有多种不同形式。图7.24 所示为常见的几种刀库形式。

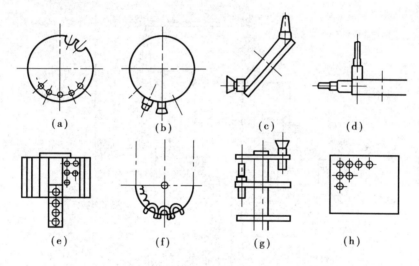

图 7.24　刀库形式

图(a)～图(d)为单盘式刀库,存放的刀具数目一般为 15～40 把,为适应机床主轴的布局,刀库上刀具轴线可以按不同方向配置,如轴向、径向或斜向。图(d)是刀具可做 90°翻转的圆盘刀库,采用这种结构可以简化取刀动作。单盘式的结构简单,取刀也很方便,因此应用广泛。当刀库存放刀具的数目要求较多时,若仍采用单圆盘刀库,则刀库直径增加太大而使结构庞大。为了既能增大刀库容量而结构又较紧凑,研制了各种形式的刀库。图(e)为鼓轮弹仓式(又称刺猬式)刀库,其

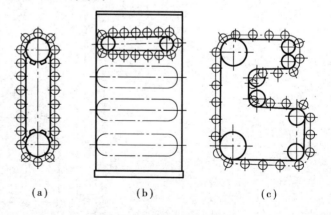

图 7.25　链式刀库布置形式

结构十分紧凑,在相同的空间内,它的刀库容量最大,但选刀和取刀的动作较复杂。图(g)为多盘式刀库,图(h)为格子式刀库,这两种形式的储存量也都较大,但结构复杂,选刀和取刀的动作多,故而较少采用。图(f)为链式刀库,其结构有较大的灵活性,存放的刀具数目也较大,选刀和取刀的动作十分简单,因此应用十分广泛。图7.25为链式刀库的几种布置形式,图(a)为我国 THK6370 自动换刀数控镗铣床所采用的单排链式刀库简图,刀库置于机床立柱侧面,可容纳 45 把刀具,如刀具储存量过大,将使刀库过高。为了增加链式刀库的储存量,可采用图(b)所示的多排链式刀库,我国 JCS-013 型自动换刀数控镗铣床采用了四排刀链,每排储存 15 把刀具,整个刀库储存 60 把刀具。这种刀库常独立安装于机床之外,因此占地面积大。由于刀库远离主轴,必须有刀具中间搬运装置,使整个换刀系统结构复杂,只有在必要时才采用。图(c)为加长链条的链式刀库,采用增加支承链轮数目的方法,使链条折叠回绕,提高其空间利用率,从而增加了刀库的储存量。

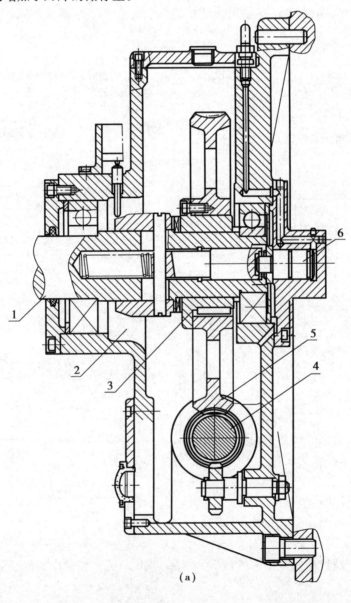

(a)

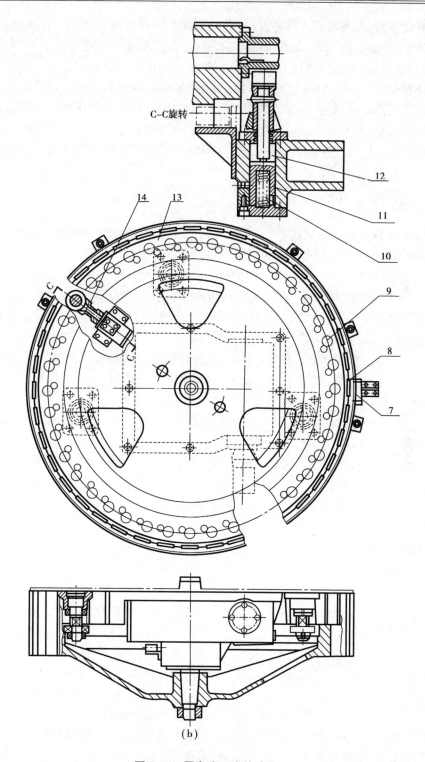

图 7.26　圆盘式刀库的结构

刀库除了储存刀具之外,还要能根据要求将各工序所用的刀具运送到取刀位置。刀库常采用单独驱动装置,如图 7.26(a)、(b)所示为圆盘式刀库的结构图,可容纳 40 把刀具,图(a)

为刀库的驱动装置,由液压马达驱动,通过蜗杆4蜗轮5,端齿离合器2和3带动与圆盘13相连的轴1转动。如图(b)所示,圆盘13上均布40个刀座9,其外侧有相应的40个刀座编码板8。在刀库的下方装有固定不动的刀座号读取装置7,当圆盘13转动时,刀座编码板8依次经过刀座号读取装置7,并读出各刀座号与指令相比较,当找到所要求的刀座号时,即发出信号,油缸6右腔进入高压油,端齿离合器2和3脱开,使圆盘13处于浮动状态。同时油缸12前腔的高压油路被切断,使其与回油箱连通,在弹簧10的作用下,油缸12的活塞杆带着定位V形块14使圆盘13定位,以便换刀装置换刀。这种形式的装置结构比较简单,布局比较紧凑,但圆盘直径大,转动惯量较大。

(2)刀具的选择方式

根据数控装置的刀具选择指令,从刀库中将所需要的刀具转换到取刀位置,称为自动选刀。在刀库中选择刀具通常采用以下两种方法。

1)顺序选择刀具

刀具按加工工序的先后顺序插入刀库的刀座中,使用时按顺序转到取刀位置。用过的刀具放回原来的刀座中,也可以按加工顺序放入下一个刀座中。此种方法不需要刀具识别装置,驱动控制也较为简单,工作可靠。但刀库中每一把刀具在不同工序中不能重复使用,为了满足加工需要,只有增加刀具的数量和刀库容量,这就降低了刀具和刀库的利用率。此外,装刀时须十分小心,如果刀具不按顺序装在刀库中,将会产生严重后果。

2)任意选择刀具

刀具在刀库中不必按加工工序的先后顺序插入刀座中,而是任意存放,给每把刀具(或刀座)都编码,自动换刀时,刀库旋转,把每把刀具(或刀座)都经过"刀具识别装置"(简称识刀器)接受识别,当某把刀具的代码与指令代码相符合时,该把刀具即被选中,刀库将其送到换刀位置,这样就实现了刀具的任意选择。这种方法的优点是刀库中刀具的排列顺序与工件的加工顺序无关,相同的刀具可以重复使用。因此,刀具数量比顺序选择法可少些,刀库容量也可相对小些。

任意选择法需要对刀具(或刀座)编码进行识别,编码方式不同,则识别装置结构和自动换刀的效率就不同。

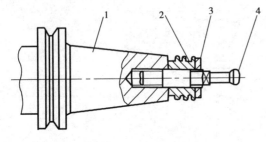

图7.27　刀具编码方式

①刀具编码方式　由于每把刀具都有自己的代码,刀具可以存放在刀库的任一刀座中,在不同的工序中可以重复使用,用过的刀具不一定放回原刀座中,这样就可避免因刀具存放于刀库中的顺序差错而造成的事故,同时也可缩短换刀时间。刀具编码的具体结构如图7.27所示。在刀柄1后端的拉杆上套装等间隔的编码环2,用螺母3锁紧固定。编码环可以是整体的也可以由圆环组装而成。编码环的直径有大小两种,大直径代表二进制的"1",小直径代表二进制的"0",通过两种圆环的不同排列,可以得到一系列代码。但全部为0的代码不许使用,以免与刀座中没有刀具的情况混淆。

②刀座编码方式　刀座编码有两种方式:一种是永久性编码,将每个刀座的编码板固定在

刀座上,如图7.26(b)所示,刀具也编号,装刀时将刀具放到与其号码相符的刀座中,换刀时刀库旋转,使各个刀座的编码板8依次经过识刀器7,找到规定的刀座,刀库便停止旋转。这种方式取消了刀柄上的编码环,使刀柄结构简化,同时,识刀器的结构也不受刀柄尺寸限制,而且可以放在适当位置,其编码原理同上。

刀座编码的另一种方式是临时性编码,采用编码附件方式,编码附件有编码钥匙、编码卡片、编码杆和编码盘等,应用最多的是编码钥匙。给每一把刀具都缚上一个表示该刀具号的编码钥匙,装刀时,刀具装到哪个刀座中,就将编码钥匙插入该刀座旁边的钥匙孔中,这样就将钥匙的编码转记到刀座上,相当于给刀座编了号码,识别装置通过识别钥匙上的号码来选取刀座中的刀具。刀具从刀座中取出时,钥匙同时被取出,刀座中原来的编码随之消失,因此这种方式具有更大的灵活性。编码钥匙的形状如图7.28所示,图中初导向凸起处,共有16个凸起或凹下的位置,故有 $2^{16} - 1 = 65\,535$ 种凸凹组合,可区别65 535把刀具。

刀座编码不管是永久性编码还是临时性编码,都要求刀具在使用后放回原位,这样就增加了换刀时间,但刀具仍然可以重复使用。

③刀具识别装置　刀具识别装置有接触式和非接触式两种。接触式识别的刀具编码采用图7.27所示的大小直径编码环组合,其识别原理如图7.29所示,在刀库附近固定一个刀具识别装置2,从其中伸出几个触针3,每个触针与一个继电器相连,当编码环是大直径时与触针接触,继电器通电,其数码为"1",当编码环是小直径时与触针不接触,继电器不通电,其数码为"0",这样,就可将刀具编码环的信息变成电信号供数控装置识别出所需的刀具。接触式识别装置结构简单,广泛适用于空间位置较小的刀具编码,但由于触针有磨损,故寿命较短,继电器反应慢,可靠性较差,难于实现快速选刀。

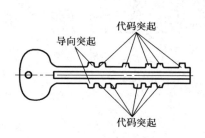

图7.28　编码钥匙

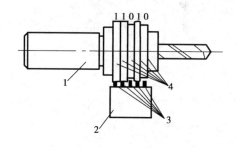

图7.29　接触式刀具识别装置原理

非接触式识别装置没有机械直接接触,具有无磨损、无噪声、寿命长、反应快等特点,因此广泛使用于高速、换刀频繁的场合。常用的有磁性识别法和光电识别法。图7.30所示为一种用于刀具编码的磁性识别装置,它利用磁性材料和非磁性材料的磁感应强弱不同,通过感应线圈读取代码。编码环直径相等,分别由导磁材料(如软钢)和非导磁材料(如黄铜、塑料)制造,规定前者编码为"1",后者编码为"0"。

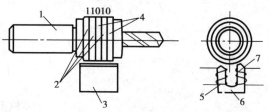

图7.30　磁性刀具识别装置原理

图中识别器3上在与每个编码环对应处都有一组检测线圈6,在其一次线圈5中输入交流电压时,如编码环为导磁材料时,则磁感应较强,在二次线圈7

中产生较大的感应电压,若编码环为非导磁材料,则磁感应较弱,在二次线圈中产生的感应电压较弱,这样,利用感应电压的强弱就能识别刀具的号码。

刀座识别的原理与刀具识别的原理相同。

随着数控技术的发展,又出现了软件选刀,它取消了传统的编码环和识刀器,利用软件构制一个模拟刀库数据表,其长度和表内设置的数据与刀库的刀座数及刀具号对应,选刀时数控装置根据数据表中记录的目标刀具位置,控制刀库旋转将选中的刀具送到取刀位置,用过的刀具可以任意存放,由软件记住其存放的位置,因此具有方便灵活的特点,而且消除了由于识刀装置的稳定性、可靠性带来的选刀失误。

(3)刀具交换装置

实现刀库和主轴上刀具装卸及中间刀具传递的装置称为刀具交换装置,其形式和具体结构对机床布局、生产率和工作可靠性都有直接影响。常用的刀具交换形式有两种。

1)由刀库和主轴的相对运动实现刀具交换

这种形式在小型加工中心上较为常见,多采用圆盘式刀库,斜挂(立式加工中心)或正挂(卧式加工中心)在立柱上主轴箱的上方,换刀时主轴先将其上刀具送回刀库,通过刀库和主轴在主轴轴线方向的相对移动,拔出主轴上的刀具,然后刀库选刀,将目标刀具转到主轴位置,再经过相反的运动,将刀具插入主轴孔中装好,最后主轴将刀具取出刀库。也有的机床将刀库装在工作台上,换刀通过坐标轴的运动来完成。由刀库和主轴的相对运动实现刀具交换时,换刀动作较多,且动作时间不能重合,因此换刀时间较长。

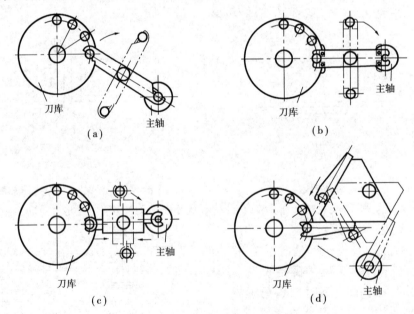

图 7.31　机械手换刀形式

2)由机械手进行刀具交换

对于容量较大的刀库,一般布置在机床侧面,这时刀库和主轴的刀具交换通过换刀机械手完成。换刀机械手有多种形式,图 7.31 所示为常用的几种形式。图(a),(b),(c)为双臂回转机械手,能同时抓取和装卸刀库和主轴上的刀具,动作简单,换刀时间少。图(d)虽然不是同时抓取和装卸刀库和主轴上的刀具,但换刀准备时间及将刀具还回刀库的时间与机加工时间重合,因而换刀时间也很短。

机械手抓刀的运动可以是旋转运动,也可以是直线运动。图(a)为钩手,抓刀运动是旋转运动;图(b)为抱手,抓刀运动为两个手指的旋转运动;图(c)和(d)为扠手,抓刀运动为直线运动。由于抓刀运动的轨迹不同,各种机械手的应用场合也不同,抓刀运动为直线运动时,在抓刀过程中可以避免与相邻刀具相碰,所以当刀库中刀具排列较密时,常用扠刀手。钩刀手和抱刀手抓刀运动的轨迹为圆弧,容易和相邻的刀具相碰,要适当增加刀库中刀具之间的距离,并要合理设计机械手的形状和安装位置。

图 7.32 所示为钩刀机械手换刀一次所需的基本动作。(a)抓刀,手臂旋转 90°,同时抓住刀库和主轴上的刀具;(b)拔刀,主轴拉刀装置松开,机械手同时将刀库和主轴上的刀具拔出;(c)换刀,手臂旋转 180°,新旧刀具交换;(d)插刀,机械手同时将新旧刀具插入刀库和主轴,主轴拉刀装置将刀具夹紧;(e)复位,转动手臂,回到原始位置。由于这种机械手换刀动作少,节省换刀时间,结构也简单,故被广泛采用。

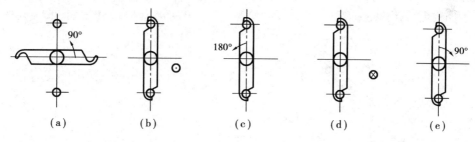

(a)　　　　(b)　　　　(c)　　　　(d)　　　　(e)

图 7.32　钩刀机械手换刀的动作过程

数控机床的刀具须安装在标准的刀柄上,我国提出了 TSG 工具系统,并制订了刀柄标准,标准中有直柄和 7:24 锥柄两类,分别用于圆柱形主轴孔及圆锥形主轴孔,其结构如图 7.33 所示,图中 1 为键槽,用于传递切削扭矩,2 为机械手抓刀部位,3 为刀柄定位及夹持部位,螺孔 4 用于安装拉钉。柱形刀柄在安装时需轴向和径向夹紧,因而主轴结构复杂,安装精度高,但磨损后不能自动补偿。而锥柄稍有磨损也不会过分影响刀具的安装精度。

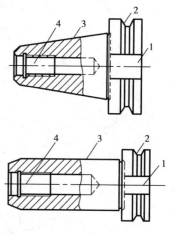

在换刀过程中,由于机械手抓住刀柄要做快速回转及拔、插刀具的动作,还要保证刀柄键槽的角度位置对准主轴上的端面键,因此,要求机械手夹持要十分可靠,不能让刀具在换刀过程中有转动或脱落。

图 7.33　标准刀柄

机械手夹持刀具的方法有两种。一种是柄式夹持,目前我国较多采用这种方式。机械手夹在如图 7.33 所示刀柄的 V 形槽内。图 7.34 为一扠刀机械手手掌结构示意图,夹持部位由固定爪 7 及活动爪 1 组成,活动爪 1 可绕轴 2 转动,它的一端在弹簧柱塞 6 的作用下支靠在挡销 3 上,调整螺钉 5 可以调整手指的夹紧力,锁紧销 4 使活动爪 1 牢固夹持刀具,防止刀具在换刀过程中松脱,销 4 可轴向移动,放松活动爪 1,以便扠刀从 V 形槽中退出。还有一种称为法兰盘式夹持,其刀柄结构如图 7.35 上图所示,在刀柄前端有供

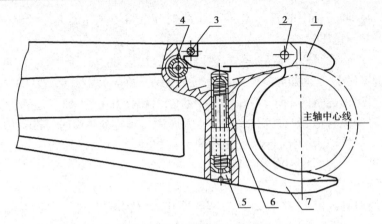

图 7.34   揿刀机械手手掌结构

机械手夹持用的法兰盘 3,中图为机械手夹持原理图。这种夹持方式的突出优点是:当采用中间搬运装置时,可以很方便地将刀具从一个机械手交给另一个机械手(下图),但由于换刀动作较多,不如前者应用广泛。

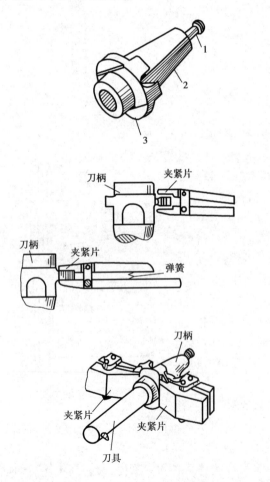

图 7.35   法兰盘式夹持原理

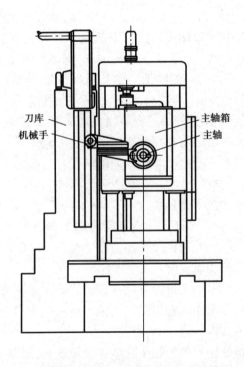

图 7.36   THK6370 型自动换刀数控卧式铣镗床

（4）自动换刀装置实例

华中理工大学研制的 THK6370 型自动换刀数控卧式铣镗床外形如图 7.36 所示,其刀库采用链式刀库,布置在机床的左侧,刀库容量为 45 把刀具,由微机管理刀库,软件识刀。换刀机械手安装在主轴箱的前端面上,可随主轴箱沿立柱导轨上下移动,实现任意位置换刀。换刀动作过程如图 7.37 所示,图中 T03 为主轴上的刀具,T17 为下一工序要使用的刀具,Ⅰ、Ⅱ 为机械手手臂,K 为刀座。

①如图中 1 所示,在加工过程中机械手停靠在刀库一侧,等待换刀,若主轴上正在使用 T03 进行加工,此时,刀库按指令选刀,将下一工序要使用的刀具 T17 选好并准确定位于抓刀位置,当 T03 加工完毕,工作台快速退出至原始位置,换刀指令 M06 控制主轴准停,机械手接受换刀信号。

②上手掌伸出抓住刀库上的刀具 T17。

③手臂Ⅰ伸出将 T17 从刀座 K 中拔出。

④机械手水平回转 90°,从刀库一侧转到主轴一侧。

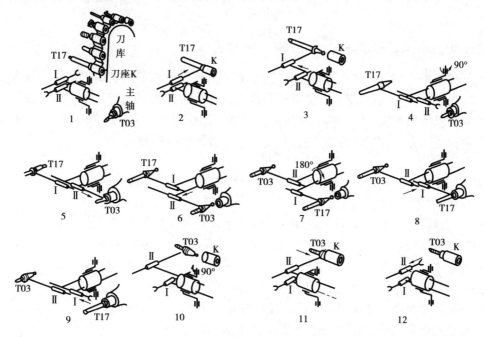

图 7.37　THK6370 型自动换刀数控卧式铣镗床换刀过程

⑤下手掌伸出抓住主轴上的刀具 T03,然后发出松刀信号,主轴内拉刀机构松开 T03。

⑥手臂Ⅱ伸出将 T03 从主轴内拔出。

⑦手臂Ⅰ、Ⅱ一起旋转 180°进行刀具交换,T03 和 T17 换位。

⑧手臂Ⅰ缩回将 T17 插入主轴孔内,然后发信号,拉刀机构将 T17 拉紧。

⑨下手掌缩回。

⑩机械手回转 90°至刀库一侧。

⑪手臂Ⅱ缩回将 T03 插入刀库上的刀座内。

⑫上手掌缩回,等待下次换刀。

该换刀装置的特点是能实现任意位置换刀,换刀时,主轴箱不需要在换刀位置和加工位置来回移动,减少了空行程时间,同时也减少了导轨副的磨损及重复定位误差,从而提高了镗阶梯孔的同轴度,且选刀时间与加工时间重合,使换刀时间缩短,提高了加工效率。其缺点是结构较复杂,制造工艺要求高。

7.4 机床的数控改造

由于地区差别和技术发展不平衡,目前我国拥有 300 多万台普通机床,用微机数控改造普通车床,不仅可提高车床的加工精度和生产效率,而且具有改造周期短、成本低、操作方便等特点,非常适合我国国情。为此,在数控机床不断发展的今天,数控改造仍然是一种实现机床数控化的手段。

7.4.1 普通车床的数控化改造设计

(1)数控车床的性能和精度选择

在改装车床前,要对机床的性能指标做出决定。改装后的车床能加工工件的最大回转直径及最大长度、主电动机功率等一般都不会改变。加工工件的平面度、直线度、圆柱度及粗糙度等基本上仍决定于机床本身原有水平。主要有下述性能和精度的选择需在改装前确定。

①主轴变速方法、级数、转速范围、功率以及是否需要数控制动停车等。

②进给运动:

进给速度:Z 向(通常为 8~400 mm/min),X 向(通常为 2~100 mm/min)。

快速移动:Z 向(通常为 1.2~4 m/min),X 向(通常为 1.2~3 m/min)。

脉冲当量:在 0.025~0.005 mm 内选取,通常 Z 向为 X 向的 2 倍。

加工螺距范围:包括能加工螺距类型(公制、英制、模数、径节和锥螺纹等),一般螺距在 10 mm 以内都不难达到。

③进给运动驱动方式(一般选用步进电机驱动)。

④进给运动传动是否需改装成滚珠丝杠传动。

⑤刀架是否需要配置自动转位刀架,若配置需确定工位数。

⑥其他性能指标选择:

插补功能:车床加工需具备直线和圆弧插补功能。

刀具补偿和间隙补偿:为了保证一定的加工精度,一般需考虑设置刀补和间隙补偿功能。

显示:采用数码管还是液晶或显示器显示,显示的位数多少等问题要根据车床加工功能实际需要确定,一般而言,显示越简单成本越低,也容易实现。

诊断功能:为防止操作者输入的程序有错和随之出现的误动作,可在数控改造系统设计时加入必要的器件和软件,使其能指示出机床某部分有故障或某项功能失效等,实现有限的诊断功能。

以上是车床数控改造时需要考虑的一些通用性能指标,有的车床改造根据需要还会有些专门的要求,如车削大螺距螺纹、恶劣环境下工作的防尘抗干扰、车刀高精度对刀等,这时还应有针对性的专门设计。

(2)车床数控改造方案选择

当数控车床的性能和精度等内容基本选定后,可据此确定改造方案。目前机床数控改造技术已日趋成熟,专用化的机床数控改造系统所具备的性能和功能一般均能满足车床的常规加工要求。因此,较典型的车床数控改造方案可选择为:配置专用车床数控改造系统,更换进给运动的滑动丝杠传动为滚珠丝杠传动、采用步进电机驱动进给运动、配置脉冲发生器实现螺纹加工功能、配置自动转位刀架实现自动换刀功能。

目前较典型的经济型专用车床数控改造系统具有下列基本配置和功能:

①采用单片微机为主控 CPU,具有直线和圆弧插补、代码编程、刀具补偿和间隙补偿功能、数码管二坐标同时显示、自动转位刀架控制、螺纹加工等控制功能。

②配有步进电机驱动系统,脉冲当量或控制精度一般为:Z 向 0.01 mm,X 向 0.005 mm(要与相应导程的丝杠相配套)。

③加工程序大多靠面板按键输入、代码编制,掉电自保护存储器存储;可以对程序进行现场编辑修改和试运行操作。

④具有单步或连续执行程序、循环执行程序、机械极限位置自动限位、超程报警,以及进给速度程序自动控制等各类数控基本功能。

(3)车床数控改造例

图 7.38 所示为 CA6140 型普通车床数控化改造例,它采用了一种比较简单但较为典型的改装方案。改造后的车床进给运动由步进电机 A 和 B 驱动,它们分别安装在床头箱内(或床身尾部)和拖板后方,通过减速齿轮和纵横向丝杠带动车床的纵横向进给运动。

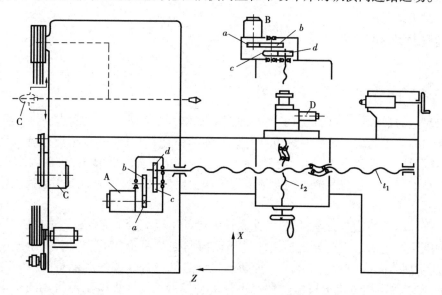

图 7.38 CA6140 型车床的改装

　　为使改造后的车床能充分发挥数控车床的效能,纵横向丝杠螺母副一般需调换成滚珠丝杠螺母副。当利用原丝杠螺母副时,为了减少改造工作量,纵向驱动电机及减速箱一般装在床身尾部,这时连接车床原传动系统(主轴系统)和纵向丝杠传动的离合器尚未拆除,工作时应使其处于脱开位置。同理,脱落蜗杆等原横向自动进给机构若未拆除,工作时也应使其处于空挡(脱开)位置。改造后的进给脉冲当量的量值靠步进电机步距角、减速齿轮比、丝杠导程三者协调确定。三者之间换算关系可以下式表示:

$$(\theta/360) \times (ac/bd) \times T = \delta$$

式中　θ——步进电机步距角(度);

　　　　T——所驱动丝杠导程(mm);

　　　　a,b,c,d——齿轮齿数,当单级减速时,令 c,d 等于1;

　　　　δ——脉冲当量值(mm)。

　　步进电机的参数根据阻力矩及切削用量的大小以及机床型号选择,普通车床(如C6140、C620等)的数控改造中多采用0.08~0.15(N·m)静力矩的步进电机,如选0.08(N·m)的作为横向进给电机;选0.15(N·m)的作为纵向进给电机。

　　若需要,可将原刀架换成自动转位刀架,则可以程序数控转换刀具进行切削加工,也可保留原刀架仍采用手动转换刀具,但在换刀时必须设置程序暂停。如果需要加工螺纹,则要在主轴外端或其他适当部位装上一个脉冲发生器C,用它发出脉冲使步进电机准确地配合主轴的旋转而产生相应的进给运动,即保证主轴每转一转,车刀移动一个导程。

　　上述改造方案中,不更换丝杠方法当数控系统出现故障时,仍可加工,但滑动丝杠螺母副易磨损需经常检修,而且功率和加工精度均不如滚珠丝杠螺母副驱动方式。另外,拖板与床身的导轨不够平行或平直,以及两者间摩擦力过大,丝杠轴线与导轨间存在平行度误差等问题均会使驱动阻力增加。为了减小阻力以提高步进电机的力矩有效率和加工精度,改造中的机床检修和安装质量也很重要。

7.4.2　普通铣床的数控化改造设计

(1)铣床数控改造的一般方案

　　铣床数控改造的目的:一方面是为了提高加工精度和工作效率,另一方面是为了利用数控联动功能实现曲面加工。所以数控系统应具有直线和圆弧插补功能,一般选择具有二坐标联动功能的专用或通用数控改造系统作为控制系统,以步进电机驱动形成开环或半闭环控制。较典型的经济型铣床专用数控改造系统的基本配置和功能与上节所述车床专用数控改造系统类似,不再重述。

　　采用二坐标联动数控改造方案时,为了使原铣床改动尽可能少和降低改造成本,可以直接用步进电机和减速箱组成的驱动装置替换原铣床纵横向进给手轮(如图7.39所示虚线框位置和图7.40所示序号43和44),脱开原主传动系统与进给系统连接的离合器(图7.40所示序号39),从而实现以数控步进电机驱动替代手轮手动控制。这时保留了原机床的主轴传动系统和原进给传动机动部分,当数控系统有故障时,仍能恢复手工半自动进给操作。

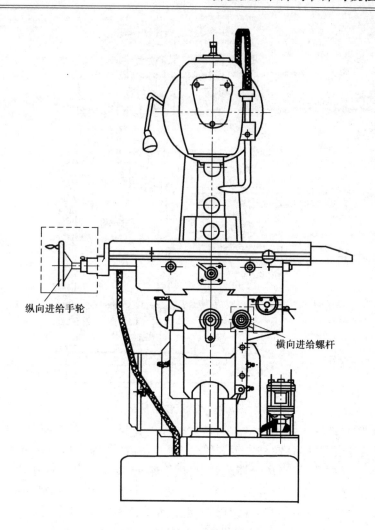

纵向进给手轮

横向进给螺杆

图 7.39 X502 型铣床外型

当被改造铣床要求加工精度高,或要求具有加工空间曲面功能时,可考虑更换滑动丝杠螺母副为滚珠丝杠螺母副,采用具有三坐标联动功能的数控改造系统等方案。

(2)铣床数控改造设计例

以图 7.39 和图 7.40 所示 X502 型铣床的数控改造为例。

1)传动系统组成

①主轴旋转运动 由转速为 1 450 r/min,功率为 2.2 kW 的电动机经过带轮 1 通过三角皮带传到 I 轴,经过齿轮 6,8 传到 II 轴,通过交换齿轮 10,11 将动力传到 III 轴,经过滑移齿轮 12(或 14)和 15(或 16)啮合动力传到 IV 轴,再经过齿轮 15 和 55 动力传到 IX 轴上,通过伞齿轮 56,57 动力传到主轴上使主轴回转,从而使装在主轴上的铣刀转动进行加工,可使主轴获得 8 种不同的转速。主轴转速有:47.5,67,95,132,190,265,375,530(r/min)。主轴上传动功率为 1.45 kW,主轴孔径为 24 mm。

②工作台纵向运动 工作台纵向运动,由轴 II 通过齿轮 9 与 19 啮合,动力传到 V 轴,再经过齿轮 20(19)与 21(22)啮合,使轴 VI 转动,再经过齿轮 23 和 24 动力传到 VII 轴,经过万向接

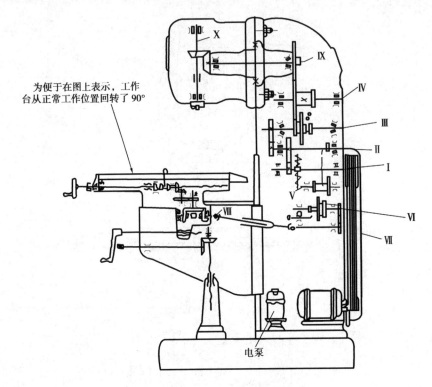

为便于在图上表示，工作台从正常工作位置回转了90°

图7.40　铣床传动系统

头26传到Ⅷ轴，经过换向齿轮箱内伞齿轮29,30及齿轮33,34到伞齿轮35,36，通过凸瓣离合器37与凸瓣离合器套39啮合使动力传到丝杠40上，丝杠在与工作台相固联的螺母中转动，使丝杠带动工作台纵向移动，当离合器脱开，可用手轮43使工作台手摇移动。

③工作台横向运动　工作台和工作台底座一起在升降台导轨上做横向移动。用装在升降台内横向行程丝杠45传动，横向丝杠螺母46固定装在工作台底座上，因此当44传动45时，螺母46跟工作台及工作台底座一起在升降台上横向移动，只能手动进给。

④工作台的升降移动　只能手动。用套在升降轴48上的手柄44转动伞齿轮49和50，使升降丝杠52转动，升降螺母53固定在底座上，从而得到升降移动。

2)改造方案确定

熟悉了原机床的操作过程及传动系统后，根据设计要求对机械部分做如下改动:保留原机床的主轴旋转运动。保留原机床纵向进给的机动部分。将离合器脱开，去掉手轮43，将手轮轴通过一对齿轮与步进电机相连，用步进电机数控系统控制纵向工作台的移动。工作台横向运动原来用手动进给，现改为通过一对齿轮与步进电机相连的数控系统控制横向运动。工作台的升降移动仍用手动。

3)机械部分改装设计

①工作台纵向进给部分改装设计　在工作台纵向进给手柄轴上，安装齿轮2，步进电机轴上安装齿轮1，用微机数控系统控制纵向进给运动。加工时将离合器脱开使原来机动进给停止工作。

(a)脉冲当量、步距角和降速比的选择　脉冲当量δ_b，步距角θ_b，丝杠螺距t和降速比i之间的关系为

$$\delta_{\mathrm{b}} = \frac{\theta_{\mathrm{b}} t}{360 i}$$

一般数控铣床 δ_{b} 取为 0.01 mm/step, $\theta_{\mathrm{b}} = 1.5°/$step, $t = 6$ mm。则减速比 i 为

$$i = \frac{\theta_{\mathrm{b}} t}{360 \delta_{\mathrm{p}}} = \frac{1.5° \times 6 \text{ mm}}{360° \times 0.01 \text{ mm}} = 2.5$$

(b)铣削力的估算 铣削力由刀具的材料、铣削工件的材料、切削用量等许多因素决定。设计机床时,从计算铣削力开始估算电机的功率。对于现有机床的改装设计,可以从已知机床的电机功率和主轴上传动的功率反推出工作台进给时的铣削力。该机床的主传动和进给传动均用一个电机。进给传动的功率较小,可在主传动功率上乘以一个系数 k。由机床设计手册查得铣床 k 为 0.85。

主传动功率包括切削功率 N_{c},空载功率 N_{m0},附加功率 N_{mc} 三部分,即 $N = N_{\mathrm{c}} + N_{\mathrm{m0}} + N_{\mathrm{mc}}$。空载功率 N_{m0} 是当机床无切削负载时主传动系统空载所消耗的功率,对于一般轻载高速的中、小型机床,可达总功率的 50%,现取 $N_{\mathrm{m0}} = 0.5 N$。附加功率 N_{mc} 是指有了切削载荷后所增加的传动件的摩擦功率,它直接与载荷大小有关。可以用下式计算,$N_{\mathrm{mc}} = (1 - \eta) N_{\mathrm{c}}$,所以总功率为

$$N = N_{\mathrm{c}} + 0.5 N + (1 - \eta) N_{\mathrm{c}}$$

则

$$N_{\mathrm{c}} = \frac{0.5 N}{2 - \eta}$$

在进给传动中切削功率

$$N_{\mathrm{ct}} = k \frac{0.5 N}{2 - \eta}$$

主轴上传动功率为 1.45 kW,电机功率为 2.2 kW,则

$$\eta = \frac{1.45}{2.2} = 0.66 \quad N_{\mathrm{ct}} = 0.85 \times \frac{0.5 \times 2.2 \text{ kW}}{2 - 0.66} = 0.698 \text{ kW}$$

切削时在主轴上的扭矩为

$$M_{\mathrm{n}} = 974\,000 \frac{N_{\mathrm{ct}}}{n} \text{ N} \cdot \text{cm}$$

主轴上转速有 8 种,现用 $n = 47.5$ r/min 代入,则主轴上最大扭矩为

$$M_{\mathrm{n}} = 974\,000 \times \frac{0.698}{47.5} \text{ N} \cdot \text{cm} = 14\,313 \text{ N} \cdot \text{cm}$$

铣刀的最大直径为 32 mm,主切削力 $F_{\mathrm{c}} = 14\,313$ N $\cdot$ cm$/3.2$ cm $= 4\,473$ N

铣削加工时主切削力 F_{c} 与铣削进给抗力 F_{s} 之间的比值由机床设计手册查得:$F_{\mathrm{s}}/F_{\mathrm{c}} = 1.0 \sim 1.2$,取 $F_{\mathrm{s}}/F_{\mathrm{c}} = 1$,则 $F_{\mathrm{s}} = 4\,473$ N,垂直分力与 F_{c} 的比值为 $0.75 \sim 0.8$,取 $F_{\mathrm{z}}/F_{\mathrm{c}} = 0.75$,则 $F_{\mathrm{z}} = 0.75 \times 4\,473$ N $= 3\,355$ N

(c)步进电机转轴上启动力矩的计算 用公式

$$T_{\mathrm{q}} = \frac{36 \delta_{\mathrm{p}} [F_{\mathrm{s}} + \mu (G + F_{\mathrm{z}})]}{2 \pi \theta_{\mathrm{b}} \eta} \text{ N} \cdot \text{cm}$$

式中　δ_{p}——脉冲当量(mm/step);

F_{s}——铣削进给抗力(N);

F_{z}——垂直分力(N);

G——工作台及工件夹具总重量(N)。

取 $\eta = 0.6, \mu = 0.2, G = 1\ 500\ \text{N}$，则

$$T_q = \frac{36 \times 0.01\ \text{cm}[4\ 473\ \text{N} + 0.2(1\ 500\ \text{N} + 3\ 355\ \text{N})]}{2 \times 3.14 \times 1.5 \times 0.6} \approx 347\ \text{N} \cdot \text{cm}$$

（d）确定齿轮的模数及有关尺寸　齿轮的模数根据强度计算得 $m = 2.5$，齿轮齿数 $Z_1 = 18, Z_2 = 45$，齿宽 $b = 15\ \text{mm}$。齿轮分度圆直径 $d_1 = 45\ \text{mm}, d_2 = 112.5\ \text{mm}$，中心距 $A = 78.75\ \text{mm}$。

②工作台横向进给部分改装设计　计算方法同上，$\delta_p = 0.01\ \text{mm/step}, \theta_b = 1.5°/\text{step}, t = 4\ \text{mm}$，

$$i = (1.5 \times 4)/(360 \times 0.01) = 1.67$$

取

$$Z_1 = 18, Z_2 = 30, m = 2.5, b = 13\ \text{mm}$$

则

$$d_1 = 45\ \text{mm}, d_2 = 75\ \text{mm}, A = 60\ \text{mm}$$

③确定步进电机最高工作频率

$$f_{max} = \frac{1\ 000 v_{快}}{\delta_p} \qquad 知 \qquad v_{快} = 0.03\ \text{m/s}, n = 750\ \text{r/min}$$

得

$$f_{max} = \frac{1\ 000 \times 0.03}{0.01}\text{Hz} = 3\ 000\ \text{Hz}$$

④步进电机的选择　采用三相六拍步进电机，由表可查得 $T_q/T_{jm} = 0.866$，步进电机最大静转矩 $T_{jm} = T_q/0.866 = 401\ \text{N} \cdot \text{cm}$。据此可选择对应型号步进电机，本例中选取 110BF003 型步进电机，主要技术指标为：$T_{jm} = 800\ \text{N} \cdot \text{cm}$，最高空载启动频率 1 500 step/s，运行频率 7 000 step/s，步距角 0.75°/1.5°。

⑤步进电机和减速箱装配设计（略）。

7.4.3　普通冲床的数控化改造设计

（1）曲轴式压力机数控改造原理

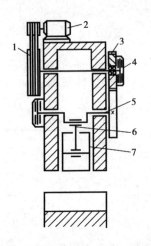

图 7.41　曲轴式压力机工作原理

曲轴式压力机（亦称为冲床）在国内拥有量大、应用面广，对其进行数控化改造，不仅能提高生产率，保障生产安全，而且能最大限度地发挥传统设备的作用。本改造以深喉口式曲轴压力机为例，其他品种曲轴式压力机的改造方法和控制原理与此完全相同。

图 7.41 为曲轴式压力机的工作原理，利用脚踏开关或按钮开关控制离合器 4 的吸合动作，即可控制滑块 7，即上模的单次或连续往复运动，实现冲压加工。送料动作一般由手工或间隙式机械机构完成。

数控化改造后的曲轴式压力机，其冲压工作原理不变。不同的是，可以用程序来控制滑块往复即上冲模往复动作的启停和被加工板料的规则进给运动，并能使这两个动作协调，实现冲压与送料动作的同步控制。

（2）机床结构的改进

1）二坐标工作台

二坐标工作台设计包括主体结构、传动机构及板料夹钳机构等。图 7.42 为 JH11-25 型曲轴压力机的改装结构示意图。从尽量不改动原设备结构、减轻长轴负载以及给换模操作留有空间余地、能最有效开发各种功能等因素考虑，宜采用短轴（Y 轴）在下，长轴（X 轴）在上，支承座落地式设计形式。由于深喉口压力机工作台向喉口中悬伸量较大，可在悬伸端两侧增加辅助支撑。

一般冲压加工要求送料动作快速敏捷，操作简单可靠，而定位精度要求不高。据此特点并考虑到尽量降低改造成本，一般可选用步进电机经变速齿轮开环驱动滚珠丝杠螺母副的传动形式，导轨采用直线

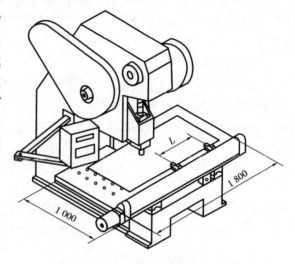

图 7.42　改装结构示意图

滚动导轨副，定位精度设定为 0.01 ~ 0.02 mm，快进速度为 6 ~ 12 m/min。

因压力机工作台的作用是承受加工板料并使之在下冲模上灵活移动，承载重量较轻，因此可采用简易支架式结构。板料夹钳装在上坐标轴（X 轴）上，它可夹持板料在 X、Y 两方向上做平面移动。为了减小板料底面与工作台支承面的摩擦，工作台面可设计成滚珠支承结构形式。工作台中间应留有让模空隙，台面高度与上下模合模面高度一致。

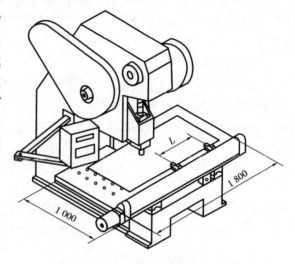

图 7.43　夹钳体组成

2）板料夹钳机构

如图 7.43 所示，夹钳上爪 1 装在直线运动球轴承套 5 和滚珠丝杠螺母套 6 上，并用螺栓 7 固定，夹钳下爪 3 与上爪 1 通过销 2 铰连，夹紧力由推力式牵引电磁铁 4 提供，还原力（张开状态）由拉簧 8 提供。两夹钳的相对间距 L 可松开螺栓 7 调整。

因有两副夹钳体，所以 X 轴滚珠丝杠配装两个相互独立的螺母。牵引电磁铁的推力可据下式估算：

$$P > \frac{G f_2 A}{N f_1 B}$$

式中　G——最大板料重量（N）；

f_1——板料与夹钳口之间的静摩擦系数，一般取 $f_1 = 0.15$；

f_2——板料与工作台面间的滚动摩擦系数，一般取 $f_2 = 0.02$；

N——夹钳个数，一般选 $N = 2$；

$A，B$——夹钳力臂尺寸。

为加大摩擦力，夹钳钳口面作成网纹状。

(3)数控改造控制设计

1)控制系统

控制系统除具备通用经济型二坐标数控系统所具备的直线插补、圆弧插补、快速进给、标准代码编程、数码管坐标值显示等功能外,还应补充冲压与工作台动作的同步控制功能、小模具冲制大孔功能、工件二次定位功能等。

2)同步控制功能

曲轴式压力机数控化改造中的冲压动作和工作台动作同步控制设计,可采取用接近开关检测曲轴的实际工作位置(也即上模工作位置),然后将检测信号输入控制系统,经程序处理使工作台按要求做规则进给的方法来实现。

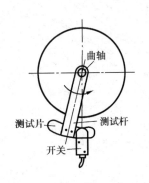

图 7.44　接近开关安装示意图

图 7.44 为接近开关安装示意图,测试杆和曲轴在工作时同步转动(测试杆材料应选择塑料或胶木),测试杆头部装有测试片(金属片)。当测试杆转动使测试片进入固定于机座上的接近开关检测有效范围时,开关便发出感应信号,该信号对应滑块也即冲模即将到达合模位置,这时工作台送料动作应该停止。测试杆随曲轴继续转动使测试片脱离接近开关测试有效范围后,感应信号随之消失,此时表示上下模已分离,一个冲压动作已结束,可继续下一个送料动作。测试片长度可据合模过程需维持时间进行调整。

利用接近开关检测曲轴位置,还可以采用双开关式等其他检测处理方法,其信号处理电路及程序处理方法可参阅相关文献。

3)小模具冲制大孔功能

用小模具加工大孔通常是以重叠冲制的小孔形成连续轨迹,包络出所需形状的被加工轮廓,然后取用(落料加工时)或舍弃(孔加工时)从板料上冲下来的材料,即达到了加工目的。利用上述方法加工大孔,是一种比较简便也易于实现的方法,但在孔加工时,由于自动排料处理比较困难,残余材料的存在极易造成设备故障,影响工作效率。为此可采用不留残余材料的小模具加工大孔的方法,它具有较好的实用效果。

图 7.45 是用小圆模加工大圆孔的自动分圆原理图。小圆模半径为 r,被加工孔半径为 R。当系统接到加工指令时,首先根据 R 和 r 值自动确定分几圈完成加工,然后由加工精度和冲头工作频率自动确定最外圈的插补速度,从而确定了最外圈小孔的孔间距,各内圈的插补速度以不留下残余材料的最大允许间距确定。

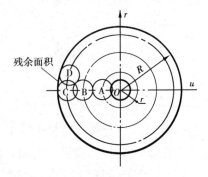

图 7.45　自动分圆原理示意图

加工时小冲头首先以 O 点为中心冲制第一小孔,然后移动 A 点以 $\overline{OA}$ 为半径进行整圆圆弧插补冲制,回到 A 点后再移到 B 点继续进行圆弧插补冲制,以此类推,直至形成所要求的大孔。由于被冲制下来的材料均是从下模中间排出的,所以在工作台面上无残余材料留下。与小圆模冲制大圆孔方法类似,也可自动分层实现无残余材料小方模冲制大槽孔加工。

4）工件二次定位功能

对于长板料或带料的加工，为使其达到一次上料即可自动完成长料连续送料加工整个过程的目的，应具备工件二次定位功能。其定位原理为当原有效行程内孔群加工完毕后，加工程序执行二次定位指令，系统接到该指令后，首先使工作台移动到对应的定位原点（行程极限点或程编定位点），然后发出压紧板料命令，控制事先增设的板料压紧装置，将加工板料固定（压紧）在 Y 轴工作台上。接着再发出夹钳开启、X 向回零（机械原点或编程起始点）命令。这时固定在 X 轴上的夹钳将执行回程动作，而被加工板料脱开夹钳固定在 Y 轴工作台上。当 X 轴回零后，再命令夹钳闭合，压板装置松开，以此时的工作位置作为新坐标系的零点重复执行加工程序（或执行新程序段），则 X 方向的有效行程比原行程扩大了一倍。多次使用二次定位指令，有效加工长度可成倍数得以扩展。

与二次定位指令相对应，还可以设计长板料加工二次复位功能。该专用指令用于当长板料加工执行二次定位指令后，又需恢复到原加工区域加工的场合，主要应用于无自动换模装置的设备，它能有效地减少换模次数。

习题七

7.1　数控机床由哪几部分构成？其机械结构有哪些特点与要求？

7.2　试分析数控车床是如何加工螺纹的。

7.3　为什么说数控铣床至少要能实现二轴联动？

7.4　加工中心加工零件有何特点？与其他数控机床相比在结构上有什么区别？

7.5　数控机床的主运动系统既然采用可无级调速的主轴电机驱动，为何还需要机械的变速装置？

7.6　为什么要对滚珠丝杠螺母副进行预紧？

7.7　试分析几种支承方式下丝杠热变形对滚珠丝杠螺母副传动精度的影响。有无减少热变形影响的措施？

7.8　数控机床所用刀具为什么一定要装在标准刀柄上？

参考文献

[1] 王永章等.机床的数字控制技术[M].哈尔滨:哈尔滨工业大学出版社,1995.

[2] 林其骏.机床数控技术[M].北京:中国科学技术出版社,1991.

[3] 任玉田等.机床计算机数控技术[M].北京:北京理工大学出版社,1996.

[4] 赵松年.机电一体化数控系统设计[M].北京:机械工业出版社,1994.

[5] 李诚人.机床计算机数控[M].西安:西北工业大学出版社,1988.

[6] 薛彦成.数控原理与编程[M].北京:机械工业出版社,1994.

[7] 黄献坤.数控机床结构与编程[M].北京:机械工业出版社,1997.

[8] 廖效军等.数字控制机床[M].武汉:华中理工大学出版社,1992.

[9] 吴祖育等.数控机床[M].上海:上海科学技术出版社,1990.

[10] 张德泉.数控机床实验[M].天津:天津大学出版社,1997.

[11] 黄大贵.微机数控系统[M].成都:电子科技大学出版社,1996.

[12] 王润孝.机床数控原理与系统[M].西安:西北工业大学出版社,1997.

[13] 卓迪仕等.数控技术及应用[M].北京:国防工业出版社,1997.

[14] 王玉新编译.现代数控机床编程与操作[M].天津:天津科技翻译出版公司,1996.

[15] 杨俊.机床数控系统课程设计指导书[M].北京:中国科学技术出版社,1991.

[16] 周德俭等.压力机数控改造设计[J].北京:制造技术与机床,1997(4):44-46.

[17] 张建民等.机电一体化系统设计[M].北京:北京理工大学出版社,1996.

[18] 刘晋春等.特种加工[M].北京:机械工业出版社,1992.

[19] 戴同.CAD/CAPP/CAM 基本教程[M].北京:机械工业出版社,1997.